科学出版社"十三五"普通高等教育研究生规划教材

现代动物群体遗传学

Modern Population Genetics in Animal

孙 伟 常 洪 著

U0289859

科学出版社

北 京

内 容 简 介

本书共计十二个部分：导论部分介绍群体遗传学的内涵、发展状况等，第一章介绍自然突变率，第二章介绍 Hardy-Weinberg 平衡定律应用，第三章介绍基因频率的定向变化，第四章介绍基因频率的随机变化，第五章介绍基因频率分布与进化过程，第六章介绍群体中的遗传变异，第七章介绍群体结构与系统分化，第八章介绍系统分类，第九章介绍 DNA 与氨基酸序列的遗传演变，第十章介绍分子进化与"分子进化钟"，第十一章介绍动物遗传资源保种方案的制订。全书系统地总结了国际、国内这一研究领域的主要理论和研究成果，并与之配套提供了大量的数据分析和应用实例。

动物群体遗传学作为从事动物遗传资源研究的基础理论知识以及相关软件的理论基础，将提供更为全面的遗传资源评价的理论和方法，为从事动物遗传相关研究的人士拓展视野，从而推动我国动物遗传资源事业和当代动物遗传资源科学的进一步发展。

本书可作为高等农林院校、师范院校生物类专业研究生及高年级本科生和其他院校相关专业研究生的教材，也可供生物类专业教师及从事遗传多样性研究的科技工作者参考。

图书在版编目（CIP）数据

现代动物群体遗传学/孙伟，常洪著．—北京：科学出版社，2016

科学出版社"十三五"普通高等教育研究生规划教材

ISBN 978-7-03-048753-7

Ⅰ．①现…　Ⅱ．①孙…　②常…　Ⅲ．①动物遗传学-群体遗传学-教材　Ⅳ．①Q953

中国版本图书馆 CIP 数据核字（2016）第 131792 号

责任编辑：王玉时 / 责任校对：郑金红
责任印制：张　伟 / 设计制作：金舵手世纪

科学出版社 出版
北京东黄城根北街 16 号
邮政编码：100717
http://www.sciencep.com

北京凌奇印刷有限责任公司 印刷
科学出版社发行　各地新华书店经销

*

2016 年 7 月第 一 版　开本：787×1092　1/16
2023 年 2 月第五次印刷　印张：12 1/4
字数：300 000

定价：59.80 元
（如有印装质量问题，我社负责调换）

著 者 名 单

著　　　者　孙　伟（扬州大学）

　　　　　　常　洪（扬州大学）

审　稿　人　陈　宏（西北农林科技大学）

文字校对　高　雯（扬州大学）

　　　　　　于嘉瑞（扬州大学）

序

　　群体遗传学是研究群体遗传结构、遗传特性在世代传递过程中变化的原因及规律性的科学，也是探讨基因在群体中的传递和分布机理的科学，是论述基因在群体中"行为"的科学，是遗传学的一门分支科学。群体遗传学是从事动物遗传资源研究的理论基础，是探讨进化机制的重要研究内容之一，也是群体遗传学相关统计软件编程的理论依据。孙伟教授和常洪教授所著的《现代动物群体遗传学》，可以说是迄今为止我国动物遗传育种学科中关于群体遗传学领域的较为系统、全面而且实用的一部力著。

　　《现代动物群体遗传学》一书系统地总结了国际、国内这一研究领域的主要理论和研究成果，并与之配套提供了大量的数据分析和应用实例，深刻地阐明了动物群体遗传学所涉及的遗传学、数理统计学、进化论原理等内容，全面地提供了动物遗传资源评价与评估所涉及的群体遗传学理论及分析方法，为其他相关实践领域提供了借鉴思路和具体方法，也为从事动物遗传相关研究的人士拓展了视野，有力地推动了我国动物遗传资源事业和当代动物遗传资源科学的进一步发展。因而，该书是迄今为止国内最为全面的介绍动物群体遗传学方面的教材和专著。阅读该书需要对遗传学和生物统计学的知识有一定的掌握度，因而它适合本科高年级学生、硕士生和博士生，以及高等学校和科研院所的教学和科研人员参考之用。该书是孙伟教授和常洪教授多年的教学讲义及教学过程的总结，并且他们在编写的过程中参阅了大量的专著和教材，可见两位作者花费了大量的精力和时间，他们的治学精神和严谨的工作作风至为可贵。

　　我十分荣幸能为该著作题序，并希望它为我国群体遗传学领域和动物遗传资源科学的发展发挥积极作用。

2015 年 12 月

前　言

近年来，遗传学的研究发展非常迅速，其分支遍布了生物科学的各个领域，是现代生物科学的中心和引领学科。群体遗传学最早起源于 19 世纪哈代-温伯格平衡定律的产生，它作为遗传学的一门重要分支学科，是研究生物群体的遗传结构及其变化规律的科学。群体遗传学通过应用数学和统计学的原理和方法探讨了基因在群体中的传递和变化规律，以及影响这些变化的环境选择效应、遗传突变作用、迁移及遗传漂变等因素与遗传结构的关系，由此来探讨生物进化的机制并为育种工作提供理论基础。因此动物群体遗传学在动物遗传育种教学中具有十分重要的理论和实践意义。

本书系统地介绍了国内外动物群体遗传研究领域的主要理论和研究成果，在选材上十分注意结合和引用国内外动物生产实践中的例证，并与之配套了大量的数据分析和应用实例。在内容编排上按科学的发展顺序从分子水平渐进到群体水平，即从微观到宏观的教学思路。动物遗传资源是动物育种事业和养殖业持续发展的种质基础，加强动物遗传资源的保护不仅具有重要的社会经济价值，而且具有重要的科学价值和历史文化价值。因此，本书最后一章内容着重讲述了动物遗传资源的保种方案的制订。全书配置了必要的图表，内容翔实，在文字上力求通俗易懂，重点明确。

动物群体遗传学是从事动物遗传资源研究的基础理论知识以及相关软件的理论基础。在本书中，编者力求为读者提供全面的遗传资源评价的理论和方法，为从事动物遗传相关研究的人士拓展视野。本书既可以作为高等农林院校、师范院校生物类专业研究生及高年级本科生和其他院校相关专业研究生的教材，也可供生物类专业教师及从事遗传多样性研究的科技工作者参考。

承蒙中国农业大学吴常信院士为本书做序并对有关章节内容提出了宝贵建议，承蒙西北农林科技大学陈宏教授对全文进行了认真、细致的审阅，在此一并深表谢意。同时感谢研究生高雯、于嘉瑞参与本书内容及文字的校对工作。

限于著者水平，书中难免存在缺点和疏漏，诚望读者批评指正。

孙　伟　常　洪

2016 年 2 月 19 日

于扬州大学动物科学与技术学院

目　　录

Contents

导　　论

一、群体遗传学的内涵

（一）基本概念

（1）群体遗传学。群体遗传学是在群体水平上揭示遗传规律性的科学。进一步而言，它是研究群体遗传结构、遗传特性在世代传递过程中变化的原因及规律性的科学；也是探讨基因在群体中的传递（transmission）和分布（distribution）机理的科学，是论述基因在群体中行为的科学；也可以说群体遗传学是揭示进化（evolution）的遗传机理的科学。

（2）群体。群体是存在于同一生活空间、彼此之间具有生殖联系的多数个体的总称，是基因重组的空间范围。

（3）生殖联系。生殖联系包含两方面含义：一是以往世代的联系，体现于个体间的亲缘关系；二是当代的联系，体现于交配的概率。

（二）基本特性

（1）计量性。群体遗传学主要探讨基因如何传递、如何分布的统计学规律。群体遗传学在其形成之初，就已经首先形成了相关的数学理论，是整个生命科学领域最早应用近代数学的领域。

（2）宏观性。群体遗传学以揭示群体集团中的遗传规律性为目标，而不限于个体和家系，这是与孟德尔经典遗传学最根本的区别。

二、群体遗传学的发展

（一）产生群体遗传学的理论前提

（1）19 世纪中叶达尔文的进化论（1859 年《物种起源》为始），从生物与环境相互作用的观点出发，认为生物的变异、遗传和自然选择作用能导致生物的适应性改变，为遗传学的产生奠定了理论基础。

（2）19 世纪高尔顿（Francis Galton）首次将概率统计原理等数学方法应用于生物科学，创立了生物统计学，为群体遗传学的产生及发展提供了理论前提。

（3）1900 年孟德尔学说（"植物实验"）的重新发现是群体遗传学产生和发展的理论支柱。

（二）群体遗传学奠基与形成

（1）1908 年，Hardy-Weinberg 平衡定理的发现为群体遗传学的研究奠定了基础。

（2）20 世纪 30 年代至 60 年代出现了一系列遗传学的重大发展。R.A.Fisher（费雪，英，数理统计学家）、J.B.Haldune（霍尔登，英，生理生化学家）、S.Wright（怀特，美，遗传学家）分别以孟德尔学说和达尔文学说相结合的方法从理论上阐明了影响基因频率变化的各种因素，论证突变率、选择压、迁移率和群体有效规模（Ne）4 个基本概念，使群体遗传学形成了基本框架。

第二次世界大战后，又有一些重大贡献者和学说出现。H.T. Muller、J.F.Crow、李景均、木村资生（M. Kimura）等人的研究，在 20 世纪 50 年代至 70 年代进一步推动群体遗传学成为一个完整的、成熟的、科学的体系。

（三）当代群体遗传学的发展

遗传学和生命科学其他领域的新成就在以下四个方面推动当代群体遗传学进入一个全新的蓬勃发展的时代。

（1）20 世纪 60 年代后期，莱文廷（R. C. Lewontin）发现许多 DNA 初级产物蛋白质和酶广泛存在多型现象，其变异之丰富出乎当时之意料。在生物化学-分子遗传学成就的基础上，木村资生认为"既然群体遗传学研究的最终目的是阐明进化遗传规律，因此蛋白质和酶的分子结构（即氨基酸的排列序列）、DNA 的分子结构（即碱基的排列顺序）就是一个最值得关注的问题"，他以蛋白质分子、DNA 分子结构的个体间的差异作为遗传标记（genetic marker）论证了"分子进化中立论"以及分子进化与时间近似的对应关系，建立了"分子进化钟"学说（进化与物种、世代长短无关）。该理论作为达尔文学说的补充，成为进化论研究的内容之一，是进化论的新分支。

（2）群体遗传学的理论研究对象由经典孟德尔学说的等位基因扩大到现代可以检测的各种层次的遗传物质，如染色体特征、体液（眼泪、血液、唾液）生化特征、抗原性的编码基因、DNA 核苷酸序列、"DNA 指纹"（DNA 核苷酸链非编码区特定序列的有无以及重复次数等）等，也就是从细胞水平到亚分子水平再到分子水平，在世代传递中具有对偶、复制、分离、重组行为的遗传性粒子结构，比经典的遗传学中基因的概念更为丰富，从而形成许多群体遗传学的分支，如群体细胞遗传学、群体免疫遗传学、分子群体遗传学等。

（注：2001 年人类基因组计划测得人类基因组有 31.674 亿个碱基对，其中共有 3 万～3.5 万个结构基因，DNA 链上与蛋白质有关的基因只占 2%。）

（3）生化分子群体遗传学的发展，将物种以外（以上）的生物进化研究推上了试验、分析、测定的阶段。因为蛋白质的氨基酸成分、DNA 碱基水平的物种之间差异是客观的、可测的，而以往的群体遗传学关于系统进化的研究仅限于物种以内（即种内的分化过程），对于物种以外的分化仅限于类推的水平。

（4）动物胚胎工程（指胚胎转移、分割）、动物克隆及其他无性生殖技术的发展，将原限于孟德尔群体为研究对象的范围扩大，也必然将群体遗传学着重阐述"孟德尔群体"内遗传变异的局面推向更丰富的研究范围，将有更多方面的研究内容。其原因在于：

① 上述新技术在畜牧业的应用是大势所趋的。

② 最初的遗传学本来就存在关于单倍体生殖、单性生殖等非孟德尔群体的理论探讨。

三、群体遗传学在遗传学中的地位与意义

目前，遗传学按不同的区分角度已有30个分支，其发展有两大主流：

（1）从个体角度，揭示遗传物质基础的实质，以及亲子个体间遗传物质传递、表达的过程。

从经典遗传学以来，细胞遗传学、免疫遗传学、生化遗传学、分子遗传学等均属于这个范畴。目前的遗传工程学是其应用的一个方面。

这些学科的共同点是从个体到家系的角度来认识遗传现象。

（2）从群体角度，揭示遗传物质在世代过程中在群体中的分布规律和总体表现。

这就是群体遗传学的研究范畴，也可以说群体遗传学是揭示进化遗传学的科学，其派生的应用科学有进化论、育种学、遗传资源学等。

这些学科的共同点是从群体与宏观角度揭示遗传规律。

遗传学的这两大主流历来是两者相互依存、促进，彼此渗透和交叉的，但两大主流研究对象截然不同，不能互相取代。

从学科的发展而言，个体角度研究的各个领域，在不同时期可能有兴衰之别和取代现象，但任何分支的发展都不能取代群体遗传学的研究。

群体遗传学的科学意义和应用价值在于：群体遗传学是进化论、育种学（人工控制下的进化）、生物遗传资源学、医学这四门学科的理论基础，有力地支撑并推动其发展。

第一章　自然突变率

群体基因频率变化如果具有适应意义,则称之为进化性的变化(evolutionary change)。基因频率的变化,以群体中存在遗传性变异为前提。如果所有个体在所有位点都是单态的,则没有基因频率变化可言。突变对群体提供的多型状态是遗传变异的基本来源。群体遗传多型性的基本来源就是基因突变,当然,也可以说突变不是遗传变异的唯一来源。就群体而言,生殖细胞形成和受精过程中的基因重组、群体与外部的个体交换也可能增加或者减少变异,但是,基因重组只能改变基因型频率而不能改变基因频率,基因重组和杂交在一代上可产生变异,但从群体水平上讲他们并不是变异的基本来源。突变是遗传多型的基本来源,当然这并不排除就特定环境而言群体外的基因的引入,因而总体上遗传多型的根源还是突变。

突变包括:①染色体畸变,指遗传物质相当大的区段的变化,如安康羊矮腿就是染色体畸变;②点突变,指一个基因的置换。

本章主要讨论群体中遗传变异的效率即突变率问题,着重研究自然发生的点突变,而不是诸如人工诱发的突变;讨论点突变(point mutation)而不讨论染色体突变(chromosomal mutation),如倍数性突变、倒位、易位等,其比例极低,而且难于准确测定。

点突变有若干种情况,但根本原因是生殖细胞形成过程中 DNA 复制的错误和反常:

(1)码组移动(frame shift)。在核苷酸复制时,DNA 失去或额外插入碱基,导致转录 RNA 信息的信使 RNA 上的密码子随之发生移动,导致基因机能丧失。这是许多致死突变和遗传病的原因。

(2)DNA 碱基置换。DNA 碱基置换导致其编码的氨基酸置换,一般而言蛋白的机能全不或几乎全不发生变化,即不造成可见的变化,即所谓的"中性突变"。从群体来看,所谓的"中性突变"的比例相当多,绝大多数的突变是"中性突变"。

一、自然突变率的直接测定

(一)常染色体座位

可以用多数个体进行交配实验的动物如果蝇、小鼠,可以根据一般遗传学原理,以较为简单的方法直接测定自然突变率。

1. 基本思路

用受测座位的隐性纯合子 aa 作供试,用显性纯合子 AA 与之交配,子代中如果出现隐性性状的个体,其比例就是显性基因 A 向隐性基因 a 的突变率(图 1-1)。

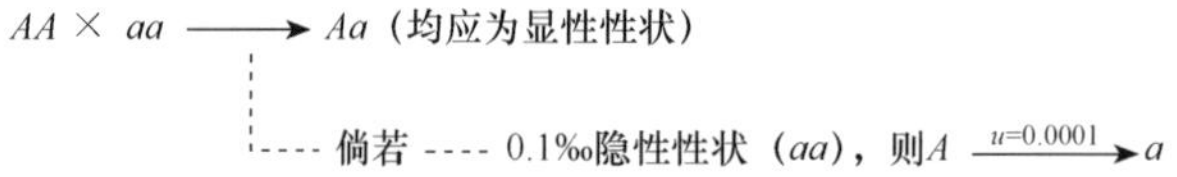

$$AA \times aa \longrightarrow Aa \text{(均应为显性性状)}$$

┈┈ 倘若 ┈┈ 0.1‰隐性性状(aa),则 $A \xrightarrow{u=0.0001} a$

图 1-1　显性基因 A 向隐性基因 a 突变率的测定思路

若后代出现隐性性状，即 A 突变为 a，则 $A→a$，$u=0.0001$。

这种测定在复等位基因序列上，尽可能用序列最后的等位基因作为供试，如 $A \xrightarrow{显} A_1 \xrightarrow{显} A_2 \xrightarrow{显} a$。

如果子代中出现 A_1、A_2、a 中任何一种基因决定的性状，则可求出 A 向 a 基因突变的频率。

2. 多个常染色体座位显性基因突变率测定

例 1-1　20 世纪后期，美国 W. L. Russell（1958）为了给放射性小鼠诱发突变提供对照资料，测定 7 个常染色体基因座位上的显性基因突变率。用 7 个常染色体显性纯合子（小鼠野生型）的雄鼠与隐性纯合子的雌鼠交配，这 7 种作为隐形类型控制不同形态的变异，每个座位的隐性纯合子对应颜色如表 1-1 所示。

表 1-1　7 个座位隐性纯合子对应颜色

座位	颜色	座位	颜色
a: non-agouti	非野灰色（实际上为黑色）	d: dilution	稀释毛色（稀灰色）
b: brown	褐色	Se: short ear	短耳朵（痕迹）
c^{ch}: chinchilla	青绒毛	S: sport or piebald	斑纹
p: pink-eged dilution	红眼睛（眼睛中无色素）		

这 7 个座位相连锁，雄鼠为野生型（在所有座位为显性），雌鼠为 7 个变异的类型（在相应座位上为隐性纯合子）。如果子代出现任何一种隐性类型，则是对应座位的显性基因（决定野生型特征的）向隐性基因突变。

Russell 的实验分 4 群，共获得后代 288 616 只，其中 17 只表现出上述 7 种类型中的一种。因此，这 7 个座位显性基因的平均突变率为

$$\bar{u} = \frac{17}{288616} \times \frac{1}{7} = 0.84 \times 10^{-5}$$

应用这种简单测定方式的条件是世代间隔短，每代出生个体数多，所以这种方法仅限于实验动物、家禽以及猪，对于人类和大家畜如牛、羊等是不可行的。在大家畜和人类，目前通过群体调查测定突变率，仅限于测定由隐性基因向显性基因的突变。

其具体方法是：两个亲本均未表现的显性性状，如在子一代突然出现，其出现比例是隐性基因向显性基因突变率的 2 倍，也就是说，突变率是子代新出现的显性类型比例的 1/2，因为突变的显性类型都是杂合子（Aa），其另一基因仍为隐性基因。

例 1-2　人类四肢短缩症（chondrodystrophic dwarfism）是著名的显性遗传病，患者头大、个体短、四肢短、手大。

据联合国卫生组织在丹麦哥本哈根产科医院的测定：出生婴儿 94 075 人，四肢短缩症婴儿 10 人，其中 2 人的父母之一为患者，其余 8 人的父母都正常。因此，除去两例后的总体观测规模为 94 073 例。由于双亲中任意一个人发生这种突变，子代就会患病，因而突变率为

$$u = \frac{8}{94073 \times 2} = 4.25 \times 10^{-5}$$

四肢短缩症在东方也有测定，据日本红十字会总部产院的测定，该院 1922—1952 年出生婴儿 80 435 人，共发现 10 个四肢短缩症病例，其父母均正常。因而该病在日本人提供的资料中的突变率为

$$u = \frac{10}{80435 \times 2} = 6.2 \times 10^{-5}$$

上述两例说明两个人群四肢短缩症的 u 差异不大。

上述方法也适于大家畜，应用这种方法测定世代较长、子/胎数较低的动物或人群，应以下列条件为前提：

（1）显性性状有完全的外显率，即携带该基因必表现该性状。

（2）不存在非遗传因素导致的类似表型。

（3）不存在决定类似性状的其他基因。

否则有可能得出错误的测定结果。

（二）性染色体座位

供试群体的确定须考虑性别。

估计的一般方法：一般用同型配子性别（哺乳类的母本）的受测基因的纯合子 A_1A_1 群体（或多数个体）与异型配子性别的任意个体相交配。若子一代异型配子性别一方，除了亲代同型配子性别原有的性状之外，还有新性状（如 A_2 决定的性状），那么这个比例就是决定原有性状的基因 A_1 向决定新性状的基因 A_2 突变的突变率。

【备忘录】

伴性遗传：性染色体的非同源部位上的基因所决定的遗传现象。

两个特征：

（1）纯合性别（如 XX 或 ZZ）传递显性基因时（注：此时异型配子携带隐性基因），子一代所有个体都表现显性性状，由 F_1 代相互交配产生的 F_2 代中，显隐性性状的比例为 $3:1$，隐性个体的性别都与其祖代亲本相同（或与异型亲本相同）。

（2）纯合性别传递隐性基因时（注：此时异型配子携带显性基因），子一代显性与隐性性状都出现并与亲本性别交叉，F_2 代两个性别都是显、隐性各半。

在这种测定中只要父亲群体是稳定遗传的显性纯合子，就能根据子代（异型）配子估计突变率，而不需要考虑突变基因的显、隐性地位（图 1-2）。

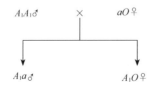

图 1-2　性染色体座位显性基因突变率的测定图示

若出现 A_2O，则 u 为 A_1 突变为 A_2 的频率。

例1-3　测定鸡芦花基因的突变率（图1-3）。

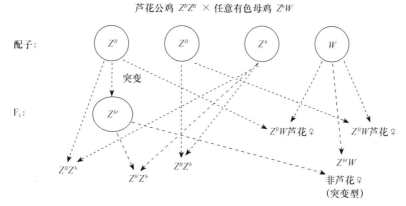

图 1-3　鸡芦花基因突变率的测定图示

子代母鸡中非芦花个体的比例，就是芦花基因向非芦花基因的突变率。

因为子代母鸡在 B 座位的基因来自父亲（来自母亲的 W 性染色体不含 B 座位），只有一个而不是一对基因，其性状由该基因决定。如果不存在突变，就应与父亲性状（芦花）相同。如果父亲产生的配子群中有一定比例的配子，在 B 座位发生了由芦花基因向任意一种非芦花基因的突变，其子代母鸡中就会有突变的非芦花个体，其比例即突变率。

在这个测定中，只要父亲群体是稳定的 BB 纯合子，就能根据子代母鸡的表型估计突变率，而不考虑突变产生的新基因的显隐性地位。

而在母鸡群体中出现非芦花个体的同时，如果子代公鸡群体中也出现了亲代公、母皆没有的（属于该座位上的相对）相同新性状，那么，这种突变就一定是由芦花基因向显隐性序列更高的基因的突变。

二、自然突变率的间接估计

自然突变率的间接估计立足于以下思路：群体中的突变率是突变产生的突变基因使其频率增大的压力与自然选择等因素使其频率降低的压力之间相互平衡的结果，因而可通过群体调查对自然突变率作间接估计。

例1-4　人类的遗传病。

遗传病患者亦即突变型由于夭折、不能婚配、产子数少等原因通常比正常人生育力低。因而，就人类群体而言，能够向下一代传递的突变基因数比正常基因少（突变基因向下一代传递的可能性低于正常基因）。也就是说，由于自然选择，遗传病基因的频率会下降。如果不是每代都有由突变提供的遗传病基因，患者无疑会逐代减少下去。如果遗传病基因的增殖率相当于正常基因的一半，10 代以后其频率将只有原来的 $(1/2)^{10}$，也就是 1‰ 以下。人类的 10 个世代相当于 250～300 年，如果上述假设成立，现在频率很低的遗传病基因，只不过是过去频率非常高的基因留下的遗迹。然而，从历史记录来看，找不到各种遗传病在 250～300 年前的患例相当于现在 1000

倍的证据。由此看来，增殖率很低的致病基因不断减少的分量可能由突变新增的分量所补充。

如果是这样，就可以根据自然选择所减少的分量与突变所增加的分量之间保持平衡的假定来估计突变率。

（一）显性基因

如果遗传病患者在群体中的频率为 x，则 $\dfrac{x}{2}$ 可视为致病基因的频率。

如果致病基因的增殖率对正常基因增殖率的比值为 f，那么致病基因每代在群体中的消失率为 $x\dfrac{(1-f)}{2}$。

[注：可以这样理解，当代致病基因频率为 $\dfrac{x}{2}$，下一代则以比例 f 减少，成为 $\dfrac{fx}{2}$，两代之差为 $\dfrac{x}{2}-\dfrac{fx}{2}=\dfrac{x(1-f)}{2}$。]

如果 u 代表每代突变率，则由上述平衡式可建立方程式：

$$u=\frac{x(1-f)}{2} \tag{1.1}$$

例 1-5　丹麦哥本哈根四肢短缩症病例（患者在人群中的比例为 $x=10/94075$）。

据丹麦卫生部门调查统计，108 名长到成年的四肢短缩症患者一共生育子女 27 人；因为该病为显性遗传（患者均为杂合子，他们的配偶均属正常），因此患者的子女的一半会得到致病基因，即 13.5 人将携带致病基因。因此致病突变基因增殖率为 $\dfrac{13.5}{108}=0.125$。

据另外一个调查资料，该 108 名患者，有 457 名健康的兄弟姊妹（正常人，不携带致病基因），一共生育了 582 个子女。由此可知：

$$正常基因的增殖率=\frac{2\times582}{2\times457}=1.273，则$$

$$f=\frac{0.125}{1.273}=0.098，$$

$$u=\frac{1}{2}x(1-f)=\frac{1}{2}\times\frac{10}{94075}\times(1-0.098)=4.8\times10^{-5}$$

（注：这个估计值与前述直接测定相比，两者差别不大。）

（二）隐性伴性基因

包括人类在内的雄性配子异型（ XY ）生物，群体的伴性基因只有 1/3 分布在雄性，这 1/3 突变基因成为其增殖率低下的原因（在雌性，XX 将伴性基因遮蔽）。雌性群体虽容纳 2/3 伴性基因，但绝大部分以杂合态存在，不表现隐性有害性状，只有这极低的频率的平方才是雌性中隐性突变型的比例，这个值可以忽略不计。因此，对于隐性伴性突变基因而言，在雄性配子异型的物种（ XY ），可以只考虑隐性伴性基因突变率的增加与雄性突变体受到淘汰之间的平衡来估计。

设：X_m 为雄性群体中伴性突变体的比例（或伴性基因的频率）；f 为突变基因与正常基因增殖率的比值；u 为突变率。

则

$$u = \frac{1}{3}(1-f)X_m \qquad (1.2)$$

（注：因为 1/3 分布在雄性。）

由此，可以估计正常基因向伴性隐性基因的突变率。

例 1-6 血友病是一种伴性的隐性遗传病，病人缺乏血小板。据丹麦卫生部门统计，男性血友病患者比例为 X_m=0.000133，f=0.286，

则

$$u = \frac{1}{3} \times (1-0.286) \times 0.000133 = 3.2 \times 10^{-5}$$

（三）常染色体隐性基因

就隐性突变遗传病而言，每个患者的淘汰，相当于淘汰两个突变基因。

设：X 为患者在群体中的比例；f 为突变基因与正常基因每代增殖率的比值。

则每代中突变基因消失的比例为 $X(1-f)$，突变基因增殖与消失的方程式为

$$X(1-f) = u \qquad (1.3)$$

例 1-7 1956 年群体遗传学家 Komayi 根据日本厚生省资料估计，日本人群中小头症（microcephalia）突变率为 $2.20 \times 10^{-5} \sim 7.57 \times 10^{-5}$。平衡式（1.3）基于只有隐性突变纯合体才受到自然淘汰的假设。如果杂合子也淘汰，该估计值可能偏小。如果杂合子比正常个体反而有优势，则这个估计值可能偏大。

公式（1.3）适用于非近交群体，在近交群体（包括人类近亲婚配率不可忽略的小群体），隐性突变纯合子比例高于随机群体，隐性纯合子突变频率高于显性纯合子频率。

根据 Hardy-Weinberg 平衡定理，

$$X = q^2 + q(1-q)F \qquad (1.4)$$

式中，F 是群体的近交系数。

（注：如果在动物中有近交存在，则此方法估计不够精确，在有近交的情况下该公式应作适当调整。

近交的基本效应：使群体中杂合子减少，纯合子比例增加；杂合子每代减少比例为 $2pqF$，两种纯合子增加的比例为 pqF。）

如果群体的 p、q 和 F 可以得到，可按以下方程估计近交群体的突变率。

$$u = [q^2 + q(1-q)F](1-f) \qquad (1.5)$$

式中，q 为隐性突变基因的频率；f 为突变基因与正常基因每代增殖率的比例；F 为群体的近变系数。

联合国科学委员会 1962 年发布关于原子弹的影响的报告，列出了世界各地若干遗传病一个世代的自然突变率的测定和估计值（表 1-2）。

表 1-2　人类群体各种遗传病基因座上的自然突变率（u）

遗传方式	病　名	调查地域	u（$\times 10^{-5}$）
常染色体显性突变	软骨形成不全	丹麦、瑞典、爱尔兰	1.3～6.8
	虹彩缺损（盲眼，但眼珠存在）	丹麦、美国、瑞典	0.4～0.5
	小眼病	瑞典	0.5
	蜘蛛指	爱尔兰	0.8
	皮脂腺	英国	0.8
	舞蹈病	美国	0.5
伴性隐性	血友病	英国、丹麦、瑞士	2.0～3.2
	隐性聋哑	爱尔兰	1.3
常染色体隐性	白化	日本	2.8
	小头症	日本	4.9
	全色盲	日本	2.8
	幼儿型黑内障型痴呆	日本	1.1

三、蛋白质基因的自然演变率

从实验和测定发现的突变，如人类、小鼠、果蝇等实验动物形态或致死突变基因在 DNA 水平上的实质，目前大部分还不清楚。因此，揭示突变基因的 DNA 实质，从理论和应用上改进人类自身和动物的遗传素质是当代生命科学的焦点之一。

目前在该研究领域的有关既有成就可归纳为以下要点：

第一，结构基因的碱基置换、碱基缺失、插入等原因，导致三联体转录的混乱以致使蛋白质功能损坏或丧失是上述突变的基本原因。

第二，自 20 世纪 60 年代后期开始，以淀粉、PAGE（聚丙烯酰胺）、琼脂凝胶作介质进行电泳，发现、揭示出各种蛋白质和酶的氨基酸序列存在广泛的个体差异。这种差异是一切形态、生理变异的基础，而这种变异的原因是 DNA 碱基发生置换造成多肽链一定位置上氨基酸被另外的氨基酸替代，研究发现这种替代的大多数并不影响蛋白质的生物机能。在此基础上，木村资生于 1968 年提出了分子进化中立论和分子进化钟学说（Neutral theory for molecular evolution）。

第三，20 世纪 80 年代以后人们逐渐开发了一些检测个体间 DNA 核苷酸碱基差异技术（即 DNA 指纹，DNA fingerprint）。就目前的技术发展水平而言，其实质是个体 DNA 核苷酸的某些区段的碱基排列在特定探针、内切酶或引物的背景下所表现的外部特征。虽然它具有多位点性、广泛多型性等优点，可以在技术成熟规范的条件下大幅度提高个体识别的效率，但是它并不是核苷酸顺序的直接表现，并不能由它来直接解读碱基排列，因而它仍然只是一种表型特征。目前各种 DNA 指纹检测技术通常覆盖个体基因组的比例都很低。

第四，21 世纪初研究发现：人类基因组大约有 36.7 亿个碱基对，共有 3 万～4 万个编码蛋白质的基因。DNA 链上有很多、很长的段落并不包含基因，这些段落的碱基排列并不影响个体适应和人类的经济利益。这些段落占 DNA 链长度的 98%以上。由此可推知一般高等脊椎动物概况。

蛋白质基因的突变率问题正是在这些成熟的背景下提出和进行研究的。蛋白质自然突变率的统计分析，也有直接测量和间接估计两种方法。

（一）直接测定法

直接测定法就是直接确定突变并加以统计的方法。因为电泳发现的变异，大多数为共显性（codominance）遗传方式。必须注意的是应该进行大规模的调查和实验。

1. 示例分析

1977 年，T. Mukai 和 C. C. Cockerham 进行了关于黄果蝇第 2 染色体 5 个酶基因座突变率的直接测定。这些基因包括：α-甘油磷酸脱氢酶（α-GPDH）、苹果酸脱氢酶（MDH）、乙醇脱氢酶（Adh）、α-淀粉酶（Amy）、己糖激酶 C（HEX-C）。

［注：黄果蝇第 2 染色体有一个实验上的优点，这个染色体上有一个和（该染色体中存在的）倒位紧密连锁的座位，该座位上有一个在纯合时有致死作用的显性基因念珠翅（致死作用是隐性的），它和倒位形成平衡致死系统。遗传学者育成了兼有倒位和念珠翅的实验品系，该品系可自动鉴别、清除外来基因的混杂，保持基因的纯度，并且以该显性基因作为品系的标志。］

【备忘录】

平衡致死系统：具有隐性致死效应的显性基因及其隐性正常等位基因和另一个相连锁的基因座上的隐性致死基因及其正常显性基因，在同一群体中在致死淘汰的作用下仍然世代传递，并保持显性特征稳定延续的遗传体系。

倒位纯合化可致死为 l（若纯合则致死）；显性基因 Bd，决定"念珠翅"是显性的，致死作用也是隐性的。表现 Bd 的遗传标记特征，在两位点都是杂合态，但标记特征是隐性遗传的（表 1-3）。

实验品系为

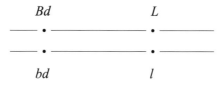

表 1-3 平衡致死系统

	BdL（♂）	Bdl（♂）
BdL（♀）	$BdBdLL\left(\dfrac{1}{4}\right)$ （致死）	$BdBdLl\left(\dfrac{1}{4}\right)$ （标记特征，存活，念珠翅）
Bdl（♀）	$BdbdLl\left(\dfrac{1}{4}\right)$ （标记特征，存活，念珠翅）	$Bdbdll\left(\dfrac{1}{4}\right)$ （倒位纯合化，致死）

生存下来的个体表现出标记特征且都为杂合子，这就是平衡系统。

实验共检测了 500 个家系，这 500 个家系的一对第 2 染色体，上溯很多世代都没有发生互换。在预先调查这 500 个家系上述 5 个基因座的基因型后，使这些果蝇一代一代地繁殖，将 5 个座位突变结果累积起来，最长的一个家系繁育了 175 世代（15d 一个世代）。结果在 5 个座位中有 3 个座位：MDH、Amy、HEX-C 各发现一个氨基酸置换的突变和一共 17 个电泳带消失的突变。

现从不同角度对这些突变作分析：

（1）关于氨基酸置换的突变率。3 个座位各有一例突变，所有家系各世代全部个体共 1 658 308 个等位基因，所以每个世代间每个座位的氨基酸置换突变率为

$$U_B = \frac{3}{1658308} = 0.181 \times 10^{-5}$$

（注：95%的可靠性为 $0.037 \times 10^{-5} \sim 0.059 \times 10^{-5}$。）

关于氨基酸置换突变率测定的扩大估计：由于遗传密码的简并等原因，从电泳实验测定能发现的氨基酸置换只有 10%～50%，因此估计上述 5 个座位氨基酸置换的突变率为

$$U_B = (2 \sim 10) \times 0.181 \times 10^{-5} = (0.362 \sim 1.81) \times 10^{-5}$$

（注：简并是指一种氨基酸对应于 RNA 上的多个密码子的现象，也就是所包含的 3 个碱基的组合有区别的密码子决定同一种氨基酸的现象，也称"同义密码子"。）

（2）电泳带消失的突变率为

$$U = \frac{17}{1658308} = 1.03 \times 10^{-5}$$

（3）结构基因座碱基替换率的估计。

设：M 为酶的亚基（肽链）的平均相对分子质量；n 为肽平均包含的氨基酸数目；$\bar{m}$ 为氨基酸的平均相对分子质量。

则

$$M = n\bar{m} - (n-1) \times 18.02 \tag{1.6}$$

式中，"18.02"是肽链上相邻的两个氨基酸的—COOH 和—NH$_3$ 相连接，缩合出一分子 H$_2$O 的相对分子质量。

因而，上述 5 个座位平均包含的氨基酸数为

$$n = \frac{M - 18.02}{\bar{m} - 18.02} \tag{1.7}$$

式中，氨基酸的平均相对分子质量 $\bar{m} = 127.87$，亚基（肽）的平均相对分子质量 $M = 35625$。

则

$$n = (35625 - 18.02) \div (127.84 - 18.02) = 324.23$$。

氨基酸数目的 3 倍即为结构基因的碱基对（base-pair，bp），因为 3 个碱基构成一个密码子，决定一个氨基酸，则 $3n \approx 973$。

所以，该 5 个座位平均每世代发生的碱基替换突变率为

$$U_{bp} = \frac{(0.362 \sim 1.81) \times 10^{-5}}{973} = (3.72 \sim 18.6) \times 10^{-9}$$

2. DNA 碱基置换突变率估计的一般公式

设：a 为通过电泳或氨基酸测序检出的氨基酸置换例数；N 为各家系各世代受检个体的总和；L 为所检测的基因座位数；M 为蛋白质亚基（肽）的平均相对分子质量（蛋白质确定后，可查得或测得）；$\bar{m}$ 为氨基酸的平均相对分子质量（蛋白质确定后一般可查得，为定值）；U_{bp} 为蛋白质 DNA 碱基置换突变率。

则

$$U_{bp} = \frac{(2\sim10)\times a \div 2LN}{3(M-18.02)\div(\bar{m}-18.02)} = \frac{(2\sim10)(\bar{m}-18.02)a}{6(M-18.02)LN} \tag{1.8}$$

式中，常数（"$2\sim10$"）表示电泳检测到的氨基酸置换是已发生置换的 $0.1\sim0.5$ 倍；"18.02"是肽链上的两个相邻氨基酸以羧基和氨基相结合，缩合一分子水的相对分子质量。

例 1-8 鹌鹑实验系，累积 11 代后在 4635 总只数、22 个脏器基因座检出氨基酸置换突变 2 例。22 个蛋白质氨基酸平均相对分子质量 102.39，肽的平均相对分子质量 516 486。由上述可知，$a=2$，$N=4635$，$L=22$，$M=516\ 486$，$\bar{m}=10\ 239$，则蛋白质 DNA 碱基替换突变率为

$$U_{bp} = \frac{(2\sim10)\times(102.39-18.02)\times2}{6\times(516486-18.02)\times22\times4635} = (1.07\sim5.34)\times10^{-9}$$

3. 人类的蛋白质基因自然突变率的资料

根据血型等标记确定双亲-子女关系，以此为限进行电泳，将双亲都未表现、子代表现的变异确认为亲代配子产生的突变。1986 年 Neel 等人将测定的结果汇总其他资料，累计 1 255 296 个基因中发现突变 4 例（表 1-4，1986 年两德尚未统一，表中称西德）。

表 1-4 有关人群自然突变率的资料

调查地域	人种群体	被调查的基因个数	发现的突变个数
日本本州	蒙古利亚日本人	539 170	3
英格兰	欧洲白人	133 478	0
西德	欧洲白人	22 500	1
美国	欧洲白人	218 376	0
非洲	尼格罗人（印黑人）	18 900	0
中南美洲	美洲印第安人	118 475	0
马绍尔群岛	密克罗尼西亚人	1 897	0

据此计算人类以电泳检测到的突变率为

$$u = \frac{4}{1255296} = 0.3\times10^{-3}$$

（二）蛋白质座位突变率的间接估计

蛋白质座位的突变多为中性（无利亦无害），不受自然选择的影响，没有明显的

适应优势，因此，不能像前述人类遗传病变基因被自然选择淘汰而消失那样来假定存在突变之提供与自然淘汰之减少之间的平衡。在这种情况下，研究者是以突变压使突变基因增加与遗传漂变（genetic drift）导致变异消失的效应之间的平衡来估计自然突变率。

1. Wright 公式

Wright（1938）以突变率（u）、回原率（v）、迁移率（m）、自然选择压（w）和群体有效规模（N）为参数推导了平衡状态下突变基因频率 p 的分布函数 $\phi(p)$ 公式。

在这些参数中，如果回原率 v、迁移率 m 和选择压 w 忽略不计，以不可逆突变为基础的分布函数则近似地为

$$\phi_1(p) = 4Nu/p \tag{1.9}$$

2. Nei 公式

Nei（根井，1977）由公式（1.9）出发，不考虑等位基因的全部，只计算有效规模为 N 的群体中频率为 0.01 以下（$p=0.01$ 以下）的稀有等位基因（rare allele），然后以 I_s 代表每个座位上的稀有基因数，以 n 代表每座位的样本个体数，推导出平衡公式：

$$I_s = \int_{\frac{1}{2n}}^{p_1} \varphi_1(p)dp = 4Nu\log_e(2np_1) \tag{1.10}$$

（注：之所以考虑稀有基因，是因为 Nei 认为只有这些等位基因可以视作是在比较近的世代由突变产生的，这些稀有基因对自然选择不敏感，很少有自然选择接触到稀有基因，即使群体有效规模变动也能迅速达到平衡。）

根据公式（1.10），若以 $\bar{u}$ 代表平均每代每座位的突变率，则可得

$$\bar{u} = \frac{I_s}{4N\log_e(2\bar{n}p_1)} \tag{1.11}$$

式中，n 为基因座的样本数；$\bar{n}$ 为 n 的平均数；N 为群体有效规模；p_1 为稀有基因（即突变基因）的频率［在公式（1.11）中为定值，$p_1=0.01$，实质上包括 0.01 以下的频率］；I_s 为平均每个座位稀有基因的个数；$\bar{u}$ 为蛋白质基因的突变率。

Nei 采用公式（1.10）与（1.11），利用 Neel 等人的资料估计了南美洲印第安人部落 Yanomama 蛋白质基因座的突变率。Neel 等人共调查 1206 位成年人，17 个蛋白质基因座发现频率 0.01 以下的稀有基因 3 个，则

$$I_s = \frac{3}{17} = 0.177 \pm 0.128$$

另外，估计的群体有限规模 $N=5760$（群体有效规模概念），则估计的平均每代每座位的突变率为

$$\bar{u} = 0.177 \pm 0.128/[4 \times 5760 \times \log_e(2 \times 1206 \times 0.01)] = (0.24 \pm 0.17) \times 10^{-5}$$

［注：关于 I_s 的标准误差问题（表 1-5）。

表 1-5　稀有等位基因数及其座位数

稀有等位基因数	2	1	0
座位数	1	1	15

由表 1-5 可计算得到，17 个座位的稀有等位基因数的方差为 $S^2 = 0.2794$，

$$I_s = \overline{x} \pm \frac{S^2}{\sqrt{n}} = 0.177 \pm 0.128 。]$$

例 1-9　Nei 还以公式（1.10）与（1.11），根据 Nozawa（1991）的资料，估计了日本猴的蛋白质基因座的突变率。

日本猴的群体规模 20 000～100 000，以其中间值 60 000 的 1/3 作为群体有效规模即 $N=20\ 000$，平均每个座位的样本数 $\overline{n} = 3355$，共检测 32 个座位，一共发现频率在 0.01 的稀有基因 31 个，则

$$I_s = \frac{31}{32} = 0.9687 \pm 0.1288$$

则平均每代每座位突变率为

$$\overline{u} = 0.9687 / [4 \times 20000 \times \log_e(2 \times 3355 \times 0.01)] = (0.29 \pm 0.04) \times 10^{-5}$$

3. 关于上述公式的校正

在总体规模庞大、抽样率极低，且抽样实际涉及的范围很小时，突变率公式为

$$\overline{u} = I_s / [4N \log_e(2\overline{n}p_1)] \tag{1.12}$$

当以抽样覆盖率 k 校正：

$$k = \frac{N_K}{N_c}$$

式中，N_K 为实际调查范围内的规模；N_c 为总体的实际规模。

在此种情况下公式变为

$$\overline{u} = \frac{I_s}{4kN \log_e(2\overline{n}p_1)} \tag{1.13}$$

例 1-10　东亚山羊结构基因座突变率的估计。

东亚山羊 24 个群体，总规模估计 23 075.1 千只（N_c），调查范围 181.8 千只（N_K），样本规模 1713 只（n）。

（1）检测 33 个座位（表 1-6）。

表 1-6　被检测的基因座位

Hb-αⅡ	Hb-β	Alb	Tf	Hp
α₂	Es	Cp	Lap	PA-1
PA-2	PA-3	Alp	Amy	ES-D
BpGD	PHI	MDH	Dia	ACP

续表

TO	LDH-A	LDH-B	CES-1	CES-2
AK	Cat	Pep-B	IDH	GOT
PGM	GbPD	GO-1		

（2）估计群体有效规模的基本数据 N。种公羊与适龄母羊平均约占群体的45%，雌雄比大约为 $\dfrac{N_f}{N_m}=10$，在33个座位中，有5个座位检测出有频率0.01以下的稀有基因，见表1-7。

表1-7　在5个座位基因频率分布与稀有基因个数

基因座	A_1	A_2	A_3	稀有基因
Tf	0.9189	0.0808	0.0003	1
pep-B	0.9753	0.0241	0.0006	2
IDH	0.9997	0.0003		1
Cat	0.9996	0.0004		1
Go-I	0.9970	0.0030		10

（3）数据分析。

① 群体有效规模 N 估计。

K. Nozawa 论证了在此种情况下群体有效规模的公式：

$$N=\frac{4-\dfrac{2}{N_c}}{\dfrac{5/N_f}{2-5/N_f}\cdot\dfrac{1+(1-5/N_f)^{N_m}}{1-(1-5/N_f)^{N_m}}+\dfrac{1}{N_f}-\dfrac{1}{N_c}} \qquad (1.14)$$

式中，$N_m+N_f=0.45N_c=10383.8$ 千只，

$$N_m=\frac{N_m}{(N_f+N_m)}\cdot(N_f+N_m)=\frac{1}{11}\times10383.8=0.09\times10383.8=934.5\ （千只），$$

$$N_f=(N_m+N_f)-N_m=10383.8-934.5=9449.3\ （千只），$$

则根据公式（1.14）求得 $N=3465000$。

② 分析调查覆盖率 k。

$$k=\frac{N_K}{N_c}=\frac{181.8}{23075.1}=0.0079$$

③ 根据稀有基因在各座位的分布情况（表1-8），计算每座位稀有基因平均个数及其标准误差。

表1-8　稀有基因在各座位的分布

稀有基因个数	座位数	累计个数
1	3	3
2	1	2

续表

稀有基因个数	座位数	累计个数
10	1	10
0	28	0
	33	15

由表 1-8 可计算得到，33 个座位的稀有基因数的方差为 $S^2 = 3.13068$ ，

$$I_s = \bar{x} \pm \frac{S^2}{\sqrt{n}} = \frac{15}{33} \pm \frac{S^2}{\sqrt{n}} = \frac{15}{33} \pm \frac{3.13068}{\sqrt{33}} = 0.4547 \pm 0.3080$$

④ 计算突变率。

$$\bar{u} = \frac{I_s}{4kN\log_e(2\bar{n}p_1)} = \frac{0.4545 \pm 0.3080}{4 \times 3465000 \times 0.0079 \times \log_e(2 \times 1713 \times 0.01)} = (1.175 \pm 0.796) \times 10^{-6}$$

第二章　Hardy-Weinberg 平衡定律应用

Hardy-Weinberg 定律的意义之一，是它揭示了一定条件下基因频率和基因型频率之间的计量关系，为分析、计算或估计群体的遗传变异提供了思路。

一、Hardy-Weinberg 定律的内涵

1. Hardy-Weinberg 定律的内容

在一个随机交配的大群体，如果没有突变、迁移和选择，基因频率和基因型频率都恒定不变。无论原有的基因型频率如何，只要经过一代随机交配，常染色体基因频率和基因型频率就形成，并在没有外来干扰的条件下保持如下平衡状态：纯合子频率为其基因频率之平方，杂合子频率为相应等位基因频率之积的 2 倍。

2. 群体 Hardy-Weinberg 平衡的检验

根据 Hardy-Weinberg 平衡的群体基因频率和基因型频率的关系式，可得

$$D=p^2,\ R=q^2,\ H=2pq，则$$
$$H/\sqrt{D \cdot R} = 2 \tag{2.1}$$

公式（2.1）反映了群体的 3 种基因型间的关系，与基因频率无关，该式可作为检验群体是否达到平衡的一个尺度。

群体中单个座位是否处于遗传平衡一般采用适合性检验：

$$\chi^2 = \sum_{i=1}^{n}(O_i - E_i)^2/E_i \tag{2.2}$$

式中，O_i 和 E_i 分别为第 i 类基因型的观察数及其理论期望值。若得到 χ^2 值$<\chi^2_{df,\ 0.05}$，则认为该座位在群体中处于遗传平衡状态。否则，处于遗传不平衡状态。

3. Hardy-Weinberg 定律的意义

Hardy-Weinberg 定律揭示了群体中基因频率和基因型频率的本质关系，成为群体遗传学研究的基础。用基因频率和基因型频率描述群体的遗传结构，平衡作为一个基准，当满足 Hardy-Weinberg 定律的条件时，群体的遗传结构保持不变，生物群体才能保持体遗传特性的稳定。如果需要保持动物群体的遗传特性，世代相传，就应创造条件，使基因频率和基因型频率不变。保护动物品种资源就需要这样做。反之，需要改良一个动物品种，让群体的遗传结构改变，就要打破平衡。同一群体内的个体间遗传差异主要是等位基因的差异，而同一物种内，不同群体间遗传差异主要是基因频率的差异。Hardy-Weinberg 定律也给动物育种提供启示，要想提高群体生产水平，可通过选择，增加有利基因的频率。当改变基因频率的因素不存在时，基因频率又因随机交配而达到新

的平衡。可以看出，动物育种是一项长期的工作。

二、Hardy-Weinberg 平衡的若干性质

1. 等位基因数与杂合子频率的上限

保持着 Hardy-Weinberg 平衡的群体，如果一个座位上有 n 种等位基因，则该座位所有杂合子的频率之和（single-locus heterozygosity：H）小于 $\frac{n-1}{n}$。

例如：当 $n=2$ 时，$H=2q(1-q)$，在 $q=0.5$ 的情况下，$H=0.5$ 时，为其最大值，仍未超过 $\frac{n-1}{n}=\frac{2-1}{2}=0.5$。

当 n 不断增大时，H 逼近 1 但永远不能等于 1。

2. 低频基因

如果某个座位上有一个频率极低的等位基因，则该基因几乎完全以杂合态保持于群体中。简而言之，低频基因多以杂合状态保存于群体。

例如人类、家畜、野生动物中的白化（albinism，起因于黑色素形成之初的酶的障碍），是常染色体隐性基因 cc 纯合化的结果。人类白化个体频率约为 1/20000，如果用 p 代表白化基因的频率，即 $p^2=1/20000$，$p=1/141$，那么携此白化基因 c 的杂合子 Cc 的频率为 $H=p(1-p)≒1/70$。因此，保持在杂合子和白化隐性纯合子 cc 中的 c 基因数的比例为 $\frac{1}{70}$：$\frac{2}{20000}$，即 0.993：0.007（只有 0.007 保持在纯合子中）。

（注：在动物育种中，对于低频隐性等位基因的表型淘汰效果不大。对于人类，特别去限制携带隐性等位基因的人繁衍后代作用是不大的。）

3. 瓦隆效应

瓦隆（Wahlund）效应是指群体再划分在遗传学上产生的效果。下面阐述瓦隆效应的内涵。

假定：一个大群体划分为 K 个同等大小的亚群体，在亚群之内施行随机交配，则各亚群仍然受 Hardy-Weinberg 平衡定律支配。

设：q_i 为第 i 个亚群中基因 a 的频率（$p_i+q_i=1$），$\bar{q}$ 为原来的大群体（划分之前的）中基因 a 的频率（$\bar{p}+\bar{q}=1$）。

因而，K 个亚群基因频率的平均数是

$$\bar{q}=\frac{\sum q_i}{K},$$

K 个亚群基因频率的方差是

$$\sigma_q^2=\frac{\sum(\bar{q}-q_i)^2}{K}=\frac{\sum q_i^2}{K}-\bar{q}^2,$$

则 $\dfrac{\sum q_i^2}{K} = \overline{q}^2 + \sigma_q^2$，同理有 $\dfrac{\sum p_i^2}{K} = \overline{p} + \sigma_q^2$。

另外，就大群体而言，分群后各类基因型的总比例为

$$AA：\dfrac{\sum p_i^2}{K} = \overline{p}^2 + \sigma_q^2；Aa：\dfrac{2\sum p_i q_i}{K} = 2\overline{pq} - 2\sigma_q^2；aa：\dfrac{\sum q_i^2}{K} = \overline{q}^2 + \sigma_q^2$$

显然，如果没有分群，在大群体中实行随机交配，上述三种基因型的比例应为 $AA：\overline{p}^2；Aa：2\overline{pq}；aa：\overline{q}^2$。因此，随机交配的群体划分为若干亚群，效应是以基因频率的方差 σ_q^2 为比例增加每一种纯合子的比例，同时使杂合子频率相应降低。

例 2-1　一个群体划分为 5 个同类大小的亚群基因型频率的变化（表 2-1）。

表 2-1　一个群体与等分亚群基因型频率的变化

亚群	p_i	q_i	p_i^2	$2p_i q_i$	q_i^2
1	0.9	0.1	0.81	0.18	0.01
2	0.8	0.2	0.64	0.32	0.04
3	0.7	0.3	0.49	0.42	0.09
4	0.5	0.5	0.25	0.50	0.25
5	0.1	0.9	0.01	0.32	0.81
总计	0.6	0.4	0.44	0.32	0.24
不分群			0.36	0.48	0.16
与不分群之差			+0.08	−0.16	+0.08

$$\sigma_p^2 = \sigma_q^2 = \dfrac{0.4}{5} = 0.08$$

如果大群体划分为规模不等的亚群，效应仍存在，只是因为各亚群群体规模不等，则分群后的大群体平均基因频率的计算就应当以各亚群的规模比例为"权"（以 W_i 代表，并且 $\sum W_i = 1$），则

$$\overline{q} = \sum W_i q_i \tag{2.3}$$

基因频率的方差为

$$\sigma_q^2 = \sum W_i q_i^2 - \overline{q}^2 \tag{2.4}$$

按照大群总计，aa 基因型频率为

$$\sum W_i q_i^2 = \overline{q}^2 + \sigma_q^2 \tag{2.5}$$

（注：仍比不分群时高 σ_q^2。）

对瓦隆效应总结如下：

（1）瓦隆效应是指当群体被划分为若干个随机交配的亚群时，就群体总体而言，各种纯合子的频率将以基因频率的方差为比例而增加，杂合子的频率相应下降。

（2）瓦隆效应是从事群体抽样调查时应予充分关注的情况。如果出现从样本获得的基因型频率分布存在杂合子频率显著少于平衡群体应有理论值的现象，就应当考虑样本是否来自两个（或以上）基因频率有差别的亚群体的混合材料，并据此采用相应的统计

分析方法。

（注：对动物育种的启示在于，总体划分越小，就越会发生类似的效应，从保护的角度，小群体也存在一定的危害；当然，这样做主要从另外一个角度考虑，即放在不同地点利于动物保护。）

三、斯奈德比值

在显、隐性关系完全的一对等位基因的条件下（排除不完全显性和完全外显性），

设：显性基因频率为 p；隐性基因频率为 q；D 代表显性个体（注意是符号，不是频率）；R 代表隐性个体（注意是符号，不是频率）。

在 Hardy-Weinberg 平衡条件下，两亲类型的交配组合概率以及子代个体中两种类型的概率如表 2-2 所示。

表 2-2　两亲交配组合和子代概率

两亲组合	组合概率	子代类型概率	
		D	R
D×D	$(1-q^2)^2 = p^2(1+q)^2$	$p^2(1+2q)$	p^2q^2
D×R	$2q^2(1-q^2) = 2pq^2(1+q)$	$2pq^2$	$2pq^3$
R×R	$(q^2)^2 = q^4$	0	q^4
合　计	1		

以第一栏（D×D）为例，在 D×D 的交配组合中，实际上双方都有两种基因型（AA，Aa），各自的频率为 p^2 和 $2pq$。双方产生的配子种类和概率以及子代各种合子的频率分析如表 2-3 所示。

表 2-3　交配产生配子种类、概率以及子代合子频率表

	A (p^2+pq)	a (pq)
A (p^2+pq)	AA $(p^2+pq)^2$ (D)	Aa $(p^2+pq)pq$ (D)
a (pq)	Aa $(p^2+pq)pq$ (D)	aa $(pq)^2$ (RR)

其中，子代中类型 D 的频率为

$(p^2 + pq)^2 + 2(p^2 + pq)pq = (p^2 + pq)[(p^2 + pq) + 2pq]$
$= p(p+q)[p^2 + 3pq] = p[p(p+3q)] = p^2(1+2q)$；

子代中类型 R 的频率为 $(pq)^2 = p^2q^2$。

所以，在 D×D 的交配组合下，子代类型 D 与 R 的比值为

$$p^2(1+2q) / p^2q^2 = (1+2q) / q^2$$；

在 D×R 的交配组合下，子代类型 D 与 R 的比值为

$$2pq^2/2pq^3 = 1/q。$$

［注：表 2-3 中 D×R 组合概率为什么是 $2q^2(1-q^2)$?

所谓 D×R 的两亲组合，实际上包含两大部分：一是♂D×♀R，另一是♂R×♀D。

无论性别，D 皆含 AA 与 Aa 两种基因型，概率分别是 p^2 和 $2pq$，概率之和则是 $p^2 + 2pq = 1-q^2$；R 的基因型仅 aa 一种，概率为 q^2。

因此，D×R 两亲组合的总概率为

$$(1-q^2)q^2 + q^2(1-q^2) = 2q^2(1-q^2)］$$

因此，在 D×D 的交配组合中 R 的比例为 $q^2/(1+q)^2$，用 S_2 表示；在 D×R 的交配组合中 R 的比例为 $q/(1+q)$，用 S_1 表示；这两个比值 S_2 和 S_1 称为斯奈德（Snyder）比值。

斯奈德比值：

$$S_1 = \frac{q}{1+q} \qquad S_2 = \frac{q^2}{(1+q)^2} \tag{2.6}$$

斯奈德比值是以群体遗传学方法鉴别不明变异遗传方式的又一个工具。其基本原则是：提出关于性状遗传方式的假设，根据假设计算隐性基因的频率；再进而求出应有的斯奈德比值，与实际值相对照，以肯定或否定假设。

例 2-2 有一种化学药剂 PTC，对人类无害也无特别功能，有苦味，在人类中有部分人能尝出 PTC 的苦味，而有些人对 PTC 味盲，这种生理差别很早就被发现与遗传有关，但机理不明。斯奈德收集了美国 800 个家庭的资料，结果如表 2-4 所示。

表 2-4 美国 800 个家庭对化学药剂 PTC 的调查资料

双亲组合	组合例数	子女数		
		能	盲	总计
能 × 能	425	929	130	1059
能 × 盲	289	483	278	761
盲 × 盲	86	5	218	223
合　计	800	1417	626	2043

1. 两种假定

（1）能尝出苦味为显性，味盲为隐性。

$$q = \sqrt{R} = \sqrt{\frac{2 \times 86 + 289 + 626}{2 \times 800 + 2843}} = 0.5462$$

斯奈德比值期望值为

$$E(S_1) = \frac{q}{1+q} = \frac{0.5462}{1+0.5462} = 0.3533$$

$$E(S_2) = \left(\frac{q}{1+q}\right)^2 = \left(\frac{0.5462}{1+0.5462}\right)^2 = 0.1247$$

实际调查所得观察值为

$$S_1 = \frac{278}{761} = 0.3653 \quad （指在 D×R 的交配组合中 R 的比例）$$

$$S_2 = \frac{130}{1059} = 0.1227 \quad （指在 D×D 的交配组合中 R 的比例）$$

（2）假定味盲为显性，能尝出苦味为隐性。

$$q = \sqrt{R} = \sqrt{\frac{2 \times 425 + 289 + 1417}{2 \times 800 + 2043}} = 0.8376$$

斯奈德比值期望值为

$$E(S_1) = 0.4558 \quad E(S_2) = 0.2078$$

调查所得观察值为

$$S_1 = \frac{483}{761} = 0.6347 \quad S_2 = \frac{5}{223} = 0.0224$$

比较发现：在第一种情况下的观察值与期望值，较其他情况下更为一致、合乎实际。故假定一合理：能尝出苦味为显性，味盲为隐性。

至于其中的"5"例（R×R 产生），这可能是由于人类社会存在非亲生子女、养子女等社会原因，在调查中为保护隐私不便于追究，故有此值。

2. 斯奈德比值小结

（1）在处于 Hardy-Weinberg 平衡的群体中，显性类型与隐性类型的交配组合产生的子女中，隐性类型占的比例为隐性基因频率与隐性基因频率加 1 后的比值；在显性类型相交配产生的子女中，隐性类型子女所占的比例为前一种情况的平方。

（2）斯奈德比值是以大规模统计鉴别等位基因间显隐性关系的方法之一，也是揭示新出现的相对性状遗传实质的群体统计方法。

例 2-3　*Bos taurus* 群体中"有角-无角"显隐性关系的识别。

识别前长期观察得知：一对性状非此即彼，不共存，与其他性状表现无关。

调查获得的资料如表 2-5 所示。

表 2-5　Bos taurus 群体中"有角-无角"交配组合及子女表型信息

双亲组合	组合例数	子女表型		
		有角	无角	总计
有 × 有	982	1470	1	1471
有 × 无	380	179	395	574
无 × 无	140	30	179	289
总　计	1502	1679	575	2254

分析：步骤分为 4 步。

假定一：有角为显性，无角为隐性。

$$q = \sqrt{R} = \sqrt{\frac{2 \times 140 + 380 + 575}{2 \times 1502 + 2254}} = 0.480$$

$$E(S_1) = \frac{0.480}{1+0.480} = 0.327 \quad E(S_2) = \left(\frac{0.480}{1+0.480}\right)^2 = 0.107$$

实际调查值：

$$S_1 = \frac{395}{574} = 0.688 \quad S_2 = \frac{1}{1471} = 6.79 \times 10^{-4}$$

假定二：无角为显性，有角为隐性。

$$q = \sqrt{R} = \sqrt{\frac{2 \times 982 + 380 + 1679}{2 \times 1502 + 2254}} = 0.86$$

$$E(S_1) = \frac{0.86}{1+0.86} = 0.462 \quad E(S_2) = \left(\frac{0.86}{1+0.86}\right)^2 = 0.213$$

实际调查值：

$$S_1 = \frac{179}{574} = 0.312 \quad S_2 = \frac{30}{209} = 0.144$$

经比较第二种假定合理（可用卡方测验），即"无角"是显性性状。

后来，根据普通牛中"无角"是显性这一遗传学诊断，美国人培育出了世界上第一种无角牛——无角海福特牛，无角牛的培育对养牛企业具有重要意义。

例 2-4　对藏鸡胫色"铅色-墨绿色"显隐性关系的鉴别。

对藏鸡胫色的初步观察结果如表 2-6 所示。

表 2-6　藏鸡胫色"铅色-墨绿色"交配组合及子女表型信息

双亲组合	例数	子女数		
		铅色	墨绿色	总计
铅色 × 铅色	18	39		39
铅色 × 墨绿色	59	51	95	146
墨绿色 × 墨绿色	85	24	179	203
合　　计	162	114	274	388

藏鸡胫色的初步观察之分析过程如下：

1. 假定铅色是显性，墨绿色是隐性

（1）$q = \sqrt{R} = \sqrt{[(85 \times 2) + 59 + 274] \div [(2 \times 162) + 388]} = 0.841$

（2）$E(S_1) = q/(1+q) = \dfrac{0.841}{1.841} = 0.457 \quad E(S_2) = q^2/(1+q)^2 = 0.457^2 = 0.209$

（3）在 D×R（即铅×绿）所得子女中：
铅色胫应为 $(1-0.457) \times 146 = 79.28$，绿色胫应为 $0.457 \times 146 = 66.72$。
　　　在 D×D（即铅×铅）所得子女中：
铅色胫应为 $(1-0.209) \times 39 = 30.85$，绿色胫应为 $0.209 \times 39 = 8.15$。

（4）两类交配组合子代应有铅色胫个体、绿色胫个体与实有数的结合性检验。

$$\chi^2 = \frac{(51-79.28)^2}{79.28} + \frac{(95-66.72)^2}{66.72} + \frac{(39-30.85)^2}{30.85} + \frac{(0-8.15)^2}{8.15} = 32.38 \, (df=3, \ P<0.05)$$

（5）实际 $S_1=95/146=0.651$；$S_2=0/39=0$。

2. 假定墨绿色是显性，铅色是隐性

（1）$q = \sqrt{R} = \sqrt{(18 \times 2 + 59 + 114) \div (162 \times 2 + 388)} = 0.542$

（2）$E(S_1) = q/(1+q) = \frac{0.542}{1.542} = 0.351 \quad E(S_2) = q^2/(1+q)^2 = 0.124$

（3）在 D×R（即铅×绿）所得子女中：

铅色胫应为 $(1-0.351) \times 146 = 94.75$，绿色胫应为 $0.351 \times 146 = 51.25$。

在 D×D（即铅×铅）所得子女中：

铅色胫应为 $(1-0.124) \times 203 = 177.83$，绿色胫应为 $0.124 \times 203 = 25.17$。

（4）两类交配组合子代中显隐性个体实有数和应有数的适合性检验。

$$\chi^2 = \frac{(51-51.25)^2}{51.25} + \frac{(95-94.75)^2}{94.75} + \frac{(24-25.17)^2}{25.17} + \frac{(179-177.83)^2}{177.83} = 0.080 \, (df=3, \ P>0.99)$$

（5）实际 $S_1=51/146=0.349$；$S_2=24/203=0.118$。

3. 两种假定的分析结果（表 2-7）

表 2-7　两种假定的分析结果

假定	q	$E(S_1)$	S_1	$E(S_2)$	S_2	χ^2
铅>绿	0.841	0.457	0.651	0.209	0	32.38($P<0.005$)
绿>铅	0.542	0.351	0.349	0.124	0.118	0.080($P>0.99$)

分析说明：墨绿色胫对于铅色胫是显性性状。

四、母子组合频率

在 Hardy-Weinberg 平衡状态下的群体，母亲——子女常染色体性状的表型组合频率是由基因频率和等位基因间的显、隐性关系决定的既定数值。这一规律在 1959 年由 Rife 和 Buranamanas 共同发现并用以揭示新变异性状的遗传基础。从那时起，这一规律已广泛地应用于新出现的孟德尔性状遗传基础的鉴别。

设：D 代表显性表现型（D 是符号，不是频率）；R 代表隐性表现型（R 是符号，不是频率）；q 代表群体中隐性基因的频率，$1-q$ 则为显性基因频率；DD 代表显性类型的母亲与显性类型的子女之组合（DD 是符号，不是频率）；DR 代表显性类型的母亲与隐性类型的子女之组合（DR 是符号，不是频率）；RD 代表隐性类型的母亲与显性类型的子女之组合（RD 是符号，不是频率）；RR 代表隐性类型的母亲与隐性类型的子女之组合（RR 是符号，不是频率）。

则各种组合的期望值如表 2-8 所示。

表 2-8　不同母子组合频率的期望值

母子组合	组合频率	母子组合	组合频率
RR	q^3	DD	$1 - (2q^2 - q^3)$
RD+DR	$2(q^2 - q^3)$		

这一规律性很容易根据 Hardy-Weinberg 平衡定律来说明（表 2-9）。

表 2-9　母亲类别及其配子类别、雄亲配子类别频率的组合

母亲类别（频率）	母亲配子类别（频率）	雄亲配子类别（频率）	
		A $(1-q)$	a (q)
D $[(1-q)^2 + 2(1-q)q]$	A $(1-q)$	$AA(D)$ $(1-q)^2$	$Aa(D)$ $(1-q)q$
	a $(q-q^2)$	$Aa(D)$ $(1-q)(q-q^2)$	$aa(R)$ $(q-q^2)q$
R (q^2)	a (q^2)	$Aa(D)$ $(1-q)q^2$	$aa(R)$ q^3

1. 母亲类别 D

D 类母亲包含以下两种基因型：AA 频率为 $(1-q)^2$，产生一种配子 A，频率 $(1-q)^2$；Aa 频率为 $2q(1-q)$，产生两种配子，A 频率为 $q(1-q)$，a 频率为 $q(1-q)$。

所以 D 类母亲产生的携带基因 A 的配子的总频率为

$$(1-q)^2 + q(1-q) = (1-2q+q^2) + q - q^2 = 1-q ;$$

D 类母亲产生的携带基因 a 的配子的频率为 $q-q^2$。

2. 母亲类别 R

R 类母亲基因型为 aa，频率为 q^2，产生一种配子 a，频率为 q^2。

对表 2-9 加以整理，各种母子组合的频率为

DD：$(1-q)^2 + (1-q)q + (1-q)(q-q^2) = 1-2q^2+q^3 = 1-(2q^2-q^3)$；

DR+RD：$(q-q^2)q + (1-q)q^2 = 2(q^2-q^3)$；

RR：q^3。

在孟德尔性状遗传基础鉴别的应用中，研究者对性状的显隐性关系亦即新性状的遗传基础提出不同的假定，统计实际观察到的母子组合频率，对根据假定应有的理论频率与实际频率的适合性检验可以肯定或否定假定的正确性。

关于"Rife-Buranamanas"母子组合频率的小结：

（1）在处在 Hardy-Weinberg 平衡的群体中，以显隐性性状为依据的母子组合的概率是由等位基因频率和等位基因间显、隐性关系决定的既定数值。

（2）隐性类型母子组合概率是隐性基因频率的三次方。

（3）显-隐性母子组合概率是隐性基因频率的平方与立方之差的 2 倍。

（4）显性类型母子组合概率是 1 与 2 倍隐性基因频率平方减隐性基因频率 3 次方的差之差数。

例 2-5　关于白色沼泽水牛遗传基础的鉴别。

[注：水牛在中国、东南亚大多数为灰色，有部分为白水牛（毛白、皮肤黑，但不是白化）。]

泰国役用水牛母子毛色组合观察所得频率，与白毛为显性和隐性的假定的期望频率的 χ^2 测定，如表 2-10 所示。

表 2-10　泰国水牛母子毛色组合观察频率与期望频率的 χ^2 测定值

地域	母子毛色组合数				隐性基因频率(q)		W : D		W : R	
	GG	GW	WG	WW	W : D	W : R	χ^2	P	χ^2	P
青莱县	62	12	8	25	0.8203	0.5719	1.85	0.3～0.5	5.02	0.05～0.1
东北	153	13	7	9	0.9463	0.3231	0.50	0.7～0.8	2.68	0.2～0.3
中部	305	21	13	42	0.9193	0.3935	8.90	0.01～0.02	36.08	<0.001
南部	251	9	1	12	0.9683	0.2495	3.53	0.1～0.2	23.53	<0.001

注：G 代表灰色；W 代表白色；GG 代表母灰子灰；GW 代表母灰子白；W : D 表示假定白色为显性；W : R 表示假定白色为隐性。

表 2-10 中白色基因为显性或隐性的假定频率，分别是根据母子组合频率计算出来的。对母子组合在两种假定下的期待值和实际值进行 χ^2 测定（$df=2$），结果显示，白色为显性的假定远较白色为隐性的假定更符合观察得到的实际情况。即第一种假定 W : D 更合理。

例 2-6　关于中国秦川牛的纯色（P）和鬐毛（S）显隐性关系的鉴别。

分析观察资料，母子毛色组合数为 PP：200；PS：3；SP：4；SS：1。

母子总对数为 200+3+4+1=208 对；其中，涉的纯色个体 200×2+3+4=407 只（次），鬐毛个体 1×2+3+4=9 只（次）。

1. 假定鬐毛为隐性（P > S）

（1）$q = \sqrt{R} = \sqrt{9/(208 \times 2)} = 0.1471$

（2）$E(RR) \times N = q^3 \times N = 0.1471^3 \times 208 = 0.66$　（N 为总对数）

　　　$E(RD+DR) \times N = 2(q^2 - q^3) \times N = 2(0.1471^2 - 0.1471^3) \times 208 = 7.68$

　　　$E(DD) \times N = [1 - (2q^2 - q^3)] \times N = [1 - (2 \times 0.1471^2 - 0.1471^3)] \times 208 = 199.66$

（3）$\chi^2 = \dfrac{(200-199.66)^2}{199.66} + \dfrac{(7-7.68)^2}{7.68} + \dfrac{(1-0.66)^2}{0.66} = 0.2854$　（$df = 2$，$P=0.867$）

2. 假定纯色为隐性（S > P）

（1）$q = \sqrt{R} = \sqrt{407/(208 \times 2)} = 0.9784$

（2）$E(RR) \times N = 0.9784^3 \times 208 = 194.81$

$E(RD+DR) \times N = 2(0.9784^2 - 0.9784^3) \times 208 = 8.60$

$E(DD) \times N = [1 - (2 \times 0.9784^2 - 0.9784^3)] \times 208 = 4.59$

（3）$\chi^2 = \dfrac{(200 - 194.81)^2}{194.81} + \dfrac{(7 - 8.60)^2}{8.60} + \dfrac{(1 - 4.59)^2}{4.59} = 8.9230$　　$(df=2，P=0.012)$

3. 两种假定的分析结果（表 2-11）

表 2-11　两种假定的期望频率及 χ^2 测定值

假定	q	$E(RR)$	$E(RD+DR)$	$E(DD)$	χ^2	P
P>S	0.1471	0.66	7.68	199.66	0.2854	0.867
S>P	0.9784	4.59	8.60	194.81	8.9230	0.012

分析说明：鬐毛为隐性的假定远比另一种假定符合实际。

五、伴性基因的 Hardy-Weinberg 平衡

【备忘录：伴性基因及其遗传】

伴性基因：大性染色体非同源部分的基因。对于哺乳类，指的是 X 性染色体上与 Y 性染色体不同源部分的基因。对于鸟类、鳞翅目昆虫类，指的是 Z 染色体与 W 染色体不同源部分的基因。

伴性基因的遗传：

（1）纯合性别（XX，ZZ）传递显性基因，杂合性别（XY，ZW）为隐性时，F₁ 代所有个体都表现显性性状；由 F₁ 代相互交配产生的 F₂ 代中，显、隐性比例为 3∶1，隐性个体的性别都与其祖代相同（即为杂合性别——XY 或 ZW）。

（2）纯合性别传递隐性基因，杂合性别为显性时，F₁ 代显性与隐性性状都同时出现并与亲本性别交叉，F₂ 代两个性别中都是显、隐性各半。

（一）伴性基因频率分布的理论分析

【备忘录：伴性基因频率分布基础知识】

（1）伴性基因座在纯合性别一侧有两个，杂合性别一侧只有一个。

（2）在平衡群体，纯合性别一侧各种纯合子的频率仍然是基因频率的平方；各种杂合子的频率是相应基因频率之积的 2 倍。

（3）在平衡群体，杂合性别个体只携带伴性等位基因中的一个，显性性状的频率也就是显性基因的频率，隐性性状的频率也就是隐性基因的频率。

设：X 染色体（非同源部分）上的一对等位基因 A 与 a，频率分别为 p 和 $1-p$。

则两个性别中各种基因型的频率如表 2-12 所示。

表 2-12　两性别中各基因型的频率

♀	AA	Aa	aa
(XX)	p^2	$2p(1-p)$	$(1-p)^2$
♂	AY	aY	
(XY)	p	$(1-p)$	

现在姑且将两个性别作为两个群体来考查其平衡，假定两个群体中基因型频率之和分别为 1（这种处理不影响 Hardy-Weinberg 理论的实质）。则双亲组合概率及子代基因型概率如表 2-13 所示。

表 2-13　双亲组合及子代基因型概率

双亲组合（母×父）	组合概率	子代的基因型				
		♀			♂	
		AA	Aa	aa	AY	aY
$AA \times AY$	p^3	p^3			p^3	
$AA \times aY$	$p^2(1-p)$		$p^2(1-p)$		$p^2(1-p)$	
$Aa \times AY$	$2p^2(1-p)$	$p^2(1-p)$	$p^2(1-p)$		$p^2(1-p)$	$p^2(1-p)$
$Aa \times aY$	$2p(1-p)^2$		$p(1-p)^2$	$p(1-p)^2$	$p(1-p)^2$	$p(1-p)^2$
$aa \times AY$	$p(1-p)^2$		$p(1-p)^2$			$p(1-p)^2$
$aa \times aY$	$(1-p)^3$			$(1-p)^3$		$(1-p)^3$
合计	1	p^2	$2p(1-p)$	$(1-p)^2$	p	$1-p$

归纳如下：和常染色体基因不同的是，由于雌雄两性别的染色体组成不对称，从任一基因型频率出发经过一代随机交配并不能达到上述平衡状态，这两点即从相邻两代基因频率的分析得到。

1. 对相邻两代基因频率的关系分析

设：前代基因频率为 q'，雌性中基因频率为 q_f，雄性中基因频率为 q_m，两性别间基因频率之差为 $d = q_f - q_m$。

则两代基因频率之间存在以下关系：

（1）雄性（配子异型 XY）群体的基因频率与亲代雌性群体的基因频率相等，即

$$q_m = q'_f$$

（2）雌性（配子同型 XX）群体的基因频率等于亲代两性别群体各自频率的算术平均数，即

$$q_f = \frac{q'_m + q'_f}{2}$$

（3）如果两性别基因频率不等，则其差值的绝对值只有上一世代的一半，但正负符号相反，即 $d = -\dfrac{d'}{2}$。

解释如下：

$$d = q_f - q_m = \frac{q'_m + q'_f}{2} - q'_f = \frac{q'_m - q'_f}{2}$$

$$= -\frac{q'_f - q'_m}{2} = -\frac{d'}{2}$$

2. 对上、下代两性别基因频率的关系说明（表 2-14）

表 2-14　上、下代两性别基因频率的关系

雄配子 ＼ 雌配子	X^A $(1 - q'_f)$	X^a (q'_f)
X^A $\dfrac{1}{2}(1 - q'_m)$	$X^A X^A$ $\dfrac{1}{2}(1 - q'_m)(1 - q'_f)$	$X^A X^a$ $\dfrac{1}{2}(1 - q'_m)q'_f$
X^a $\dfrac{1}{2}(q'_m)$	$X^A X^a$ $\dfrac{1}{2}(1 - q'_f)q'_m$	$X^a X^a$ $\dfrac{1}{2}q'_m q'_f$
Y $\dfrac{1}{2}$	$X^A Y$ $\dfrac{1}{2}(1 - q'_f)$	$X^a Y$ $\dfrac{1}{2}q'_f$

（1）在子代雄性群体中，两种基因（A 与 a）的比例为 $\dfrac{1}{2}[(1 - q'_f) : q'_f]$，频率各为 $(1 - q'_f)$ 和 q'_f，也就是说，与亲代雌性群体基因频率相等，即 $q_m = q'_f$。

（2）在子代雌性群体中，基因型 4 种来源组合均以 $\dfrac{1}{2}$ 为系数，所以在以雌性群体为完整群体时，系数可约去，因而，在雌性群体，基因 a 的频率为

$$R + \frac{H}{2}$$

$$= q'_m \cdot q'_f + \frac{1}{2}[(1 - q'_m)q'_f + (1 - q'_f)q'_m]$$

$$= q'_m \cdot q'_f + \frac{1}{2}[q'_f - q'_m \cdot q'_f + q'_m - q'_m q'_f]$$

$$= q'_m \cdot q'_f + \frac{1}{2}[q'_f + q'_m - 2q'_m \cdot q'_f] = \frac{1}{2}(q'_f + q'_m)$$

也就是说雌性群体基因频率为亲代两性别基因频率的算术平均数，即

$$q_f = \frac{1}{2}(q'_m + q'_f)$$

（3）设：亲代雄性群体与雌性群体基因频率之差为 d，即 $q'_m - q'_f = d$，则子代雄性群

体与雌性群体基因频率之差为

$$q_m - q_f$$

$$= q_f' - \frac{1}{2}(q_m' + q_f') = q_f' - \frac{1}{2}q_m' - \frac{1}{2}q_f'$$

$$= \frac{1}{2}q_f' - \frac{1}{2}q_m' = \frac{1}{2}(q_f' - q_m') = -\frac{1}{2}d$$

如果对相邻两代间两性别基因频率之差，作连续 n 世代观察，那么这种差别的一般性变化，可以下式描述：

$$d_n = (-1)^n \left(\frac{d}{2^n} \right) \tag{2.7}$$

式中，n 代表随机交配的世代数；d_n 代表第 n 代时两性别间基因频率之差值；d 代表最初世代两性别基因频率的差值。

以表格 2-15 作进一步的说明。

表 2-15 各世代相邻两代间两性别基因频率

世代	雄群	雌群	两性频率差	全样
0	p	$p - d$	$+d$	$p - \frac{2}{3}d$
1	$p - d$	$p - \frac{d}{2}$	$-\frac{d}{2}$	$p - \frac{2}{3}d$
2	$p - \frac{d}{2}$	$p - \frac{3}{4}d$	$+\frac{d}{4}$	$p - \frac{2}{3}d$
3	$p - \frac{3}{4}d$	$p - \frac{5}{8}d$	$-\frac{d}{8}$	$p - \frac{2}{3}d$
4	$p - \frac{5}{8}d$	$p - \frac{11}{16}d$	$+\frac{d}{16}$	$p - \frac{2}{3}d$
⋮	⋮	⋮	⋮	⋮

由表 2-15 可见：

① 基因频率的正、负差值随世代在两性群体间摆动；

② 每经一代差值绝对值下降一半，但永远不会消失；

③ 就全群而言，基因频率恒定不变（这一点与常染色体规律一致，但其基因频率的分布在每个世代间不同）。

任一世代全群两性平均伴性基因频率应为

$$\bar{q} = \frac{q_m + 2q_f}{3} = \frac{q_f' + (q_m' + q_f')}{3} = \frac{q_m' + 2q_f'}{3}, \tag{2.8}$$

则就全群而言，基因频率并不因其分布在两性别间的摆动而改变。

Nozawa 曾对两性别基因频率不等，经过随机交配逐代接近的情况作过模拟分析 $[q_m=1，g_f=0，$ 累代向 $\bar{q}$ 趋近，$\bar{q}=0.333=(2q_f+q_m)/3]$，图形如图 2-1 所示。

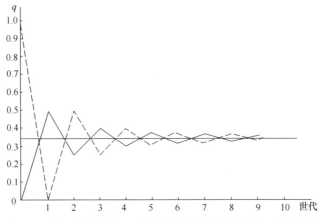

图 2-1　两性别频率不等，经随机交配逐代接近的情况模拟分析

其意义在于：在应用上，如果大规模调查证明母畜（同型配子性别）中隐性伴性性状的频率与它在公畜（异型配子性别）群中频率的平方存在一定差异，一般地说，就应该考虑群体多元起源的可能性。

（二）对理论的检验

例 2-7　鹌鹑性状连锁白化（frequences of sex-linked albino gene in quail）。

日本鹿儿岛大学为了培育肉鹌鹑新品系，引进法国的 WFRA-4 大体重鹌鹑作父本与当地 KAGO-2 系杂交。这两个亲本系虽然以天然存在白化变异（伴性隐性）而著称，但历来均以体重为选择目标，从未关注羽色。两个亲本系中白化个体的频率分布如表 2-16 所示。

表 2-16　亲本系中白化个体频率分布

亲本	白化个体频率	
WFRA-4（父系）	male: 0.04	female: 0.20
KAGO-2（母系）	male: 0.36	female: 0.60

自杂种一代起进行同世代横交，每世代随机抽取雌、雄各 500 只来鉴定各育种性状水准（主要为肉用性状）。各世代样本中白化个体只数分别如表 2-17 所示（样本规模均为 500 只）。

表 2-17　各世代样本中白化个体只数

世代	白化个体只数	
F_1	female: 96	male: 55
F_2	female: 189	male: 36
F_3	female: 141	male: 62

注：剩下的鹌鹑为正常羽色即褐色。

问：各世代白化个体比例是否符合伴性基因 Hardy-Weinberg 平衡理论应有的数值？如果符合，则说明该理论获得实践的验证。

鉴定分析步骤如下：

1. 两个亲本群白化基因 a 的频率为 $_0q_m$ 与 $_0q_f$（设白化基因 a，正常基因 A）

（1）雄亲 WFRA-4 品系中，雄鹌中白化个体（aa）的比例为 $_0R_m$=0.04，故 $_0q_m=\sqrt{0.04}$ =0.2。雌鹌中白化个体的比例也就是白化基因的频率，即 $_0q_m=_0R_m$=0.2。

从雄亲 WFRA-4 品系两个性别计算得到的白化基因频率均为 $_0q_m$=0.2。

（2）同理、同法可得雌亲 KAGO-2 中，白化基因频率为 $_0q_f$ = 0.60。

2. F_1 代两个性别中白化个体的比例与白化基因频率

对亲本群配子类型频率与 F_1 代合子的形成及其概率作简要说明，如表 2-18 所示。

表 2-18　亲本群配子类型频率与 F_1 代合子的形成及频率

雄配子　　　　雌配子	Z^A (0.8)	Z^a (0.2)
Z^A (0.4)	Z^AZ^A (0.32)	Z^AZ^a (0.08)
Z^a (0.6)	Z^AZ^a (0.48)	Z^aZ^a (0.12)
* W (1)	Z^AW (0.8)	Z^aW (0.2)

*雌性两种（染色体）配子各自为整体计算频率（即雌性两染色体 Z 与 W 分别单独作为一染色体看待）。

表 2-18 F_1 代雌性群体中，Z^aW 型个体为白化体，占雌性群体的比例为 0.2，即 $_1R_f$=0.2，这个比例也就是 F_1 代雌性群体白化基因的频率 $_1q_f$= 0.2。

F_1 代雄性群体中，Z^aZ^a 型个体为白化体，占雄性群体的比例为 0.12，这个比例是雄性群体的隐性纯合子的频率，$_1R_m$=0.12，而雄性群体中白化基因的频率则为

$$_1q_m=_1R_m+\frac{_1H_m}{2}=0.12+\frac{1}{2}(0.08+0.48)=0.40$$

可见，子代雌性群体中隐性类型比例与隐性基因频率与亲代雄性群体中隐性基因频率相等，即

$$_1R_f=_1q_f=_0q_m$$

子代雄性群体中隐性类型比例为亲代两个性别中隐性基因频率的乘积，即

$$_1R_m=_0q_m\cdot_0q_f=0.2\times0.6=0.12$$

这一规律可以类推到以后各世代，亦即

$$_1R_f=_1q_f=_0q_m$$

$$_2R_f=_2q_f=_1q_m=\frac{1}{2}(_0q_m+_0q_f)$$

$$_3R_{\mathrm f} =_3 q_{\mathrm f} =_2 q_{\mathrm m} = \frac{1}{2}(_1q_{\mathrm m} +_1 q_{\mathrm f}) = \frac{1}{2}\left[\frac{1}{2}(_0q_{\mathrm m} +_0 q_{\mathrm f}) +_0 q_{\mathrm m}\right]$$

$$\cdots$$

$$_1R_{\mathrm m} =_0 q_{\mathrm m} \cdot_0 q_{\mathrm f}$$

$$_2R_{\mathrm m} =_1 q_{\mathrm m} \cdot_1 q_{\mathrm f} = \frac{1}{2}(_0q_{\mathrm m} +_0 q_{\mathrm f}) \cdot_0 q_{\mathrm m}$$

$$_3R_{\mathrm m} =_2 q_{\mathrm m} \cdot_2 q_{\mathrm f} = \frac{1}{2}(_1q_{\mathrm m} +_1 q_{\mathrm f}) \cdot_1 q_{\mathrm m} = \frac{1}{2}\left[\frac{1}{2}(_0q_{\mathrm m} +_0 q_{\mathrm f}) +_0 q_{\mathrm m}\right] \times \frac{1}{2}(_0q_{\mathrm m} +_0 q_{\mathrm f})$$

3. 计算各世代两性别中白化个体频率与理论只数（f=500 只，表 2-19）

表 2-19　各世代两性别中白化个体频率与理论只数

世代	$R_{\mathrm m}$（理论频率）	$F_{\mathrm m}$（理论只数）	$R_{\mathrm f}$（理论频率）	$F_{\mathrm f}$（理论只数）
F_1	0.12	60	0.20	100
F_2	0.08	40	0.40	200
F_3	0.12	60	0.30	150

4. 卡方适合性检验

在各世代两性别群体中分别对白化、非白化个体数的实际只数与应有只数做 χ^2 适合性检验，判断前述理论是否符合实际。

计算结果如表 2-20 所示。

表 2-20　卡方适合性检验结果

世代	性别	χ^2	p
F_1	male	0.473	> 0.40
	female	0.200	> 0.60
F_2	male	0.435	> 0.50
	female	1.008	> 0.30
F_3	male	0.076	> 0.70
	female	0.771	> 0.30

分析说明：差异均不显著，说明理论符合实际。

［注：上述计算时应注意每个世代的雌、雄群体均为 500 只，每个世代的相应性别群体中除去白化个体外，剩余为正常个体。

以 F_1 代雌鹌中的 χ^2 计算为例，解释如下：

F_1 代 female 白化个体理论值为表 2-19 中的 $F_{\mathrm f}$，即为 100，那么理论上非白化个体则为 400（500–100=400），而 F_1 代 female 白化个体实际只数为 96 只，非白化个体实际只数为 404 只。

根据公式：$\chi^2 = \sum \dfrac{(O_i - E_i)^2}{E_i} = \dfrac{(100-96)^2}{100} + \dfrac{(400-404)^2}{400} = 0.16 + 0.04 = 0.20$

严格地说，本题由于 $df=1$，应该采用校正公式

$$\chi^2 = \sum \frac{(|O_i - E_i| - 0.5)^2}{E_i}$$

但考虑到数值相差不大，为简化计算就没有采用校正公式。

由于 $df=1$，查表可得此时 $p>0.05$，或也可以计算此时的概率值（表 2-20 中的 0.6 是近似值，是与实际值相比较的）。]

【备忘录：关于 χ^2 分布及其概率】

自由度 $n=5$ 时计算 χ^2 值之概率的 Casio（3600p）程序：

MODE　　　O　　P$_1$　　1NV　　Min

0.132980491×(MR　1NV　X^Y　1.5×(MR÷2) +/− 1NV　e^x) = MODE　1　P1

例：当 χ^2=5.681 时，运行　　　O　　RUN　　5.681　　RUN　　显示 0.661492

　　当 χ^2=11.070 时，运行　　O　　RUN　　11.070　　RUN　　显示 0.949989

　　当 χ^2=15.086 时，运行　　O　　RUN　　15.086　　RUN　　显示 0.990000

上述三个 χ^2 值随机出现的概率 $1-\alpha$ 分别是 0.338508、0.050011、0.01。

第三章　基因频率的定向变化

Hardy-Weinberg 平衡的成立有赖于以下基本条件：①随机交配；②群体规模大到足以排除随机误差对群体统计的干扰；③没有频发突变；④没有迁移；⑤没有淘汰。

如果其中后三个前提不存在，基因频率就会向一定的方向发生变化。由于变化的定向性，这三个因素（频发突变、迁移、淘汰）就被称为进化压"evolutionary pressure"。因而（更严谨地说），所谓"进化压"就是由频发突变、迁移和淘汰（选择）三个因素导致群体基因频率向着特定方向发生变化的压力。

本章将讨论频发突变、迁移、淘汰对基因频率和基因型频率的影响，以及由这些因素内和诸因素之间的平衡保持群体稳定（也就是平衡状态）的条件。

一、频发突变

频发突变（recurrent mutation）是指方向和内容相同，在群体中发生频率较高的突变。突变是群体提供遗传变异的基本因素，是进化的素材，但突变不能直接构成进化。突变成为进化过程的环节，需要若干条件。群体中遗传变异的维持，不是仅仅依赖频发突变。

下面考察突变提供的遗传变异在群体中的消长情况。

（一）不存在回原（反突变）的频发突变

设：群体中某基因座有一对等位基因 A 和 a；在第 i 世代，其频率分别是 $P_i=1-q_i$ 和 q_i；突变的内容是 $A\rightarrow a$，每代突变率为 u（即每个世代有 u 比例的 A 基因突变为 a 基因）。

那么，在相邻两代基因频率之间，存在以下关系：

$$q_i=q_{i-1}+u(1-q_{i-1})=u+(1-u)q_{i-1} \tag{3.1}$$

很显然，也存在关系：

$$\begin{aligned}q_n &= u+(1-u)q_{n-1}=u+(1-u)[u+(1-u)q_{n-2}]\\ &= u+(1-u)u+(1-u)^2u+\cdots+(1-u)^{n-1}u+(1-u)^nq_0\end{aligned} \tag{3.2}$$

等式（3.2）右侧，除最后一项外，是一个以 u 为首项，以 $(1-u)$ 为公比，一共有 n 项的等比级数。

[注：等比级数求和公式为

$$S=\frac{a(1-r^n)}{1-r},$$

式中，a 为首项，n 为项数，$1-r$ 为公比。]

所以
$$\begin{aligned}q_n &= \{u[1-(1-u)^n]\}/[1-(1-u)]+(1-u)^nq_0\\ &= 1-(1-u)^n(1-q_0)\end{aligned} \tag{3.3}$$

式中，u 为突变率；n 为突变的经历世代数；q_0 为在该突变中逐代增加的等位基因的起始频率；q_n 为在该突变中逐代增加的等位基因经历 n 代之后的频率。

由公式（3.3）还可得到

$$(1-u)^n = \frac{1-q_n}{1-q_0} = \frac{p_n}{p_0}$$

$$n\log_e(1-u) = \log_e(p_n / p_0)$$

$$\text{所以 } n = \frac{\ln p_n - \ln p_0}{\ln(1-u)} \tag{3.4}$$

式中，p_0 和 p_n 分别代表在突变中逐代减少的等位基因的起始频率和经历 n 代突变之后的频率。

公式（3.3）和（3.4）可以分析具有特定突变率 u 的基因座、若干世代之后的基因频率，也可以求得达到特定基因频率水准所经历的世代数（当然前提是无选择、迁移、淘汰）。

例 3-1　有一基因座 B，发生突变 $B_1 \rightarrow B_3$，突变率 $u=1.47\times10^{-6}$，B_3 基因出现之初的频率 2.5×10^{-5}，不存在回原，现在考虑经历 100 世代之后其基因频率是多少？

$$q_{100} = 1-(1-1.4\times10^{-6})^{100}(1-2.5\times10^{-5}) = 1.72\times10^{-4}$$

基因频率比原来只增加了 1.46×10^{-6}，非常缓慢。

例 3-2　有一基因 $A \rightarrow a$，突变率 $u=2.63\times10^{-5}$，不存在回原，问 a 从 0.1 增加 0.15 需要多少世代？

$$n = \frac{\ln 0.85 - \ln 0.9}{\ln(1-2.63\times10^{-5})} = 934.86$$

假如是山羊，平均世代间隔 3 年，943.86 代则相当于约 2804.6 年。这说明由突变来决定的变化是很难觉察的，实际上大多数结构基因除了突变，还有反突变（即回原），这种情况使得突变造成的变化更为缓慢。

这也说明了与适应无关的遗传标记特征在群体演化历史中变化极其缓慢的原因。

（二）存在回原的频发突变

据目前所知，多数试验动物、昆虫群体的大部分基因座上同时存在由野生型（wild-type allele）向突变基因（mutation allele）的突变和新基因向野生型基因的回原（reverse mutation）。还有一些基因座突变不仅仅是双向的，而且是多向的。对于所研究的特定基因来说，其频率的变化仍然可用突变和回原来说明。

1. 平衡的决定

设： $A \overset{u突变}{\underset{v突变}{\rightleftarrows}} a$，$A$ 基因的频率为 q，a 基因的频率为 $1-q$。

那么，在此假定条件下，基因 A 的频率在一世代间的基因频率的变化量为 Δq：

$$\Delta q = -uq + v(1-q)$$

当 $\Delta q = 0$ 时，则 $uq = v(1-q)$，该座位基因频率无变化，进入平衡状态。在平衡状态下：

$$uq = v - vq$$

$$\hat{q} = \frac{v}{u+v} \quad \text{（进入平衡状态时的基因 } A \text{ 的频率）} \tag{3.5}$$

$$1 - \hat{q} = \frac{u}{u+v} \quad \text{（进入平衡状态时基因 } a \text{ 的频率）} \tag{3.6}$$

公式（3.5）与（3.6）说明：群体基因频率的平衡值与起始的基因频率无关，纯粹由突变率、回原率决定；在任何世代，如果 $q > \hat{q}$，则会一代一代减少，直到 $q = \hat{q}$；相反，如果 $q < \hat{q}$，则一代一代增加，直到 $q = \hat{q}$。

如果由于选择或其他任何原因，造成了 q 与 $\hat{q}$ 的差异，一旦选择停止或造成差异的原因停止，群体的基因频率就要向由突变率与回原率决定的平衡值逐代回复。

例 3-3　20 世纪 80 年代以来，Falconer 等人的研究表明，果蝇、小鼠等试验动物群体由新基因向野生型基因的回原率大约是野生型向新基因突变率的 1/10，这种比例关系对于高等动物和人类群体具有普遍参考意义。因而，对于动物群体的多数座位，突变与回原达到平衡时的基因频率大致是

$$\hat{q} = \frac{1}{11} = 0.091 \quad \text{（野生型基因）}$$

$$1 - \hat{q} = \frac{10}{11} = 0.909 \quad \text{（新基因）}$$

而新基因要达到如此高的频率需要很多世代，而在此之前大多是不平衡的。

2. 群体基因频率走向平衡的速率

由于频发突变造成的基因频率在一代间的改变量，在存在回原的基因座为

$$\Delta q = -uq + v(1-q) = v - vq - uq = \hat{q}(u+v) - q(u+v) = (u+v)(\hat{q}-q)，$$

所以 $\Delta q = (u+v)(\hat{q}-q)$，或表示为 $\Delta q = -(u+v)(q-\hat{q})$。 （3.7）

$$\left[\text{注：因为} \quad \hat{q} = \frac{v}{u+v}，\text{所以} v = \hat{q}(u+v)。\right]$$

公式（3.7）证明，基因频率走向平衡的速度与所处世代基因频率的实际值与平衡值的偏差成正比；基因频率距平衡值越远，在一代之间向平衡值靠近的幅度越大。

此外，这个速度还与回原率与突变率之和成正比。这说明一代间的变化量是由基因座的性质决定的。

我们还可进一步分析，在基因频率走向平衡的过程中，造成频率值一个特定变化所需要的世代。

由于 u 和 v 是极小的数值，所以 Δq 是个更小的数，所以可将 $\Delta q = (u+v)(\hat{q}-q)$ 当作组分方程，亦即

$$\frac{\mathrm{d}q}{\mathrm{d}t} = -(u+v)(q-\hat{q})，$$

式中，t 代表以世代为单位的时间。

$$\frac{\mathrm{d}q}{q - \hat{q}} = -(u + v)\mathrm{d}t$$

两边在 n 代期间求积可得

$$\int_{q_0}^{q_n} \frac{\mathrm{d}q}{(q - \hat{q})} = -(u + v)\int_0^n \mathrm{d}t$$

（注：因为标准积分 $\frac{1}{x}\mathrm{d}x = \ln x + c$。）

$$\int_{q_0}^{q_n} \frac{\mathrm{d}q}{q - \hat{q}} = \ln(q_n - \hat{q}) - \ln(q_0 - \hat{q}) = \ln\left(\frac{q_n - \hat{q}}{q_0 - \hat{q}}\right)$$

那么，

$$\ln\left(\frac{q_n - \hat{q}}{q_0 - \hat{q}}\right) = -(u + v)n$$

$$n = \frac{1}{u + v}\ln\left(\frac{q_0 - \hat{q}}{q_n - \hat{q}}\right) \tag{3.8}$$

公式（3.8）证明进化速率是非常缓慢的。

例 3-4　u=0.000 032，v=0.000 002 8，$\hat{q}$=0.08 时，

q_0=0.010→q_n=0.015，所需要的世代数 n_1=924.85 代；

q_0=0.050→q_n=0.055，所需要的世代数 n_2=2275.32 代。

这个分析证明，由突变造成的瞬时变化虽然是走向基因频率的平衡的一个环节，是群体保守性的体现，但就是这种变化也是极其缓慢的。在人类驯养的动物群体，这一种变化几乎完全被选种的效益所掩盖，不仅使人难以看出它的实质，甚至根本就不能察觉。

3. 一定世代后的基因频率

因为基因频率在一个世代之间的变化量为

$$\Delta q = v(1-q) - uq,$$

所以，如果以 q_n 代表某个世代的基因频率，那么下一世代的基因频率为

$$q_{n+1} = q_n + v(1-q) - uq_n = v + (1-v-u)q_n \tag{3.9}$$

反复以 q_n、q_{n-1}、q_{n-2} 代入上式，可得

$$\begin{aligned} q_n &= v + (1-v-u)q_{n-1} = v + (1-v-u)[v + (1-v-u)q_{n-2}] \\ &= v + (1-v-u)\{v + (1-v-u)[v + (1-v-u)q_{n-3}]\} \\ &= v + (1-v-u)v + v(1-v-u)^2 + \cdots + (1-v-u)^n q_0 \end{aligned} \tag{3.10}$$

等式（3.10）右边，除最后一项外，是一个等比级数，其首项是 v，项数是 n，公比是 $(1-v-u)$，其和为

$$\frac{v[1 - (1-v-u)^n]}{1 - (1-v-u)} = \frac{v - u(1-v-u)^n}{u + v}, \quad \text{所以}$$

$$\begin{aligned} q_n &= \frac{v}{u+v} - \frac{v(1-v-u)^n}{u+v} + (1-v-u)^n q_0 \\ &= \frac{v}{u+v} - (1-v-u)^n\left(\frac{v}{u+v} - q_0\right) \end{aligned}$$

又因为当 $n \to \infty$ 时，有 $\lim\limits_{n \to \infty}(1-v-u)^n = \mathrm{e}^{-n(u+v)}$；$u$ 很小，n 很大时，可令 $u = \dfrac{1}{n}$；

$$\lim\limits_{n \to \infty}(1-u)^n = \lim\left(1-\frac{1}{n}\right)^n = \mathrm{e}^{-1} = \mathrm{e}^{-n\frac{1}{n}}。$$

$$q_n = \frac{v}{u+v} - \left(\frac{v}{u+v} - q_0\right)\mathrm{e}^{-n(u+v)} \qquad (3.11)$$

式中，q 代表因突变而减少和因回原而增加的基因（通常指野生型基因）的频率。

对于因突变而增加和因回原而减少的新基因来说，可用 Q 表示，公式形式应为

$$Q_n = \frac{u}{u+v} - \left(\frac{u}{u+v} - Q_0\right)\mathrm{e}^{-n(u+v)} \qquad (3.12)$$

例 3-5　当 u=0.000033，v=0.0000021，起始 q_0=0.3，经历突变 n=45 代时，求 q_n。

解：

$$q_n = \frac{0.0000021}{0.000033+0.0000021} - \left(\frac{0.0000021}{0.000033+0.0000021} - 0.3\right)\mathrm{e}^{-45(0.000033+0.0000021)} = 0.2998$$

也就是经历 45 代，基因频率下降 2.4×10^{-4}，由突变与回原所导致的遗传变化很缓慢，基本上被掩盖。

例 3-6　u=0.000023，v=0.0000015，Q_0=0.15，经历突变 n=15 代时，

$$Q_n = \frac{0.000023}{0.000023+0.000015} - \left(\frac{0.000023}{0.000023+0.00015} - 0.15\right)\mathrm{e}^{-15 \times (0.000023+0.000015)} = 0.15029$$

经历 15 代后，基因频率比原频率增加了 0.00029。

二、迁移

群体遗传学上的"迁移"一词不同于物理学上的迁移、位移概念（不是指个体间位置的变化），而是指群体以外的同种生物个体进入随机交配的空间范围。以当代的生物学观念来陈述这个概念，这应是指原群体以外的同种生物个体进入群体，并且和群体中各个体实现生殖联系的状态。

此外，汉语中所说的迁移没有方向性，可以指迁入也可指迁出，而遗传学上的"迁移"相当于生活中所说的"迁入"，至于"迁出"相当于遗传学的"淘汰"。在这里我们把"迁出"作为淘汰，以后再讨论：仅讨论"迁入"的问题（migration：迁移，selection：淘汰）。在此，从本质上说，迁移是指基因的流入。

1. 迁移导致的变化

设：q 为群体原有的基因频率；q_m 为迁入个体中的基因频率；m 为迁移率，指迁入的个体在混合群体中所占的比例；q' 为混合群体的基因频率。

混合群体的基因频率，应当是原有群体与迁入群体以各自规模为权重的平均基因频率，即

$$q' = m \cdot q_m + (1-m)q = m(q_m - q) + q \qquad (3.13)$$

迁移所导致的基因频率的增量：

$$\Delta q = q' - q = m(q_m - q) \tag{3.14}$$

这说明：迁移导致的基因频率变化，取决于原群体与迁入群体基因频率之差和迁移率。

2. 亚群体间的迁移

（1）如果平均基因频率为 $\bar{q}$ 的大群体分成若干个亚群，每个亚群在每个世代和大群体的一个随机样本交换其群中一个比例 m；假设特定亚群原有基因频率为 q；那么由于受到迁入群的代替，其下一代的基因频率（也就是混合群体的频率）应为

$$q' = m(\bar{q} - q) + q \tag{3.15}$$

根据公式（3.15），基因频率的变化值为

$$\Delta q = m(\bar{q} - q) \tag{3.16}$$

这就是说，亚群间的迁移导致的基因频率变化与亚群对大群体基因频率的离差成正比。

（2）亚群间的连续迁移，最明显的效果是导致亚群间基因频率趋于相似，亚群特色的消失；倘若无相反措施，将导致整个群体的单一化。

特定亚群对总群体基因频率的离差为 $(q - \bar{q})$；以比例 m 交换后，下一代的离差将减少为

$$q' - \bar{q} = [m(\bar{q} - q) + q] - \bar{q} = (1 - m)(q - \bar{q}) \tag{3.17}$$

（3）如果亚群间基因频率的方差为 σ_q^2，亚群数为 k，下一代亚群间基因频率的方差将下降为

$$\sigma_q'^2 = \frac{\sum[(1-m)(q-\bar{q})]^2}{k} = \frac{(1-m)^2\sum(q-\bar{q})^2}{k} = (1-m)^2\sigma_q^2 \tag{3.18}$$

因此，如果除了亚群间的迁移之外，没有其他压力的作用，总群体的基因频率恒定不变，但作为总群体内异质性与多样化标志的（亚群间）基因频率的方差将趋向于缩小；与此同时，从总体上看，纯合子频率下降，杂合子频率相应上升。

3. 关于迁移的讨论

总体来说，迁移对遗传资源（特别是物种以下资源）的保护是不利的，因为长久来看，则无品种的差别了。

（1）一般而言，迁移的最大范围是物种，物种是实现以迁移为基础的随机交配的最后边界。物种之间虽有基因流动的少数事例，但由于各种程度的隔离机制，等位基因间的分离和重新组合，基因的生存与传递都不是随机的。

（2）地方畜禽品种或类群是物种以下的亚群体；其各座位的基因频率和特定的基因组合体系，是品种或类群特征、特性的遗传基础。地方品种（类群）特定基因座基因频率与等位基因、非等位基因间特定组合体系的保持，也就是物种以内遗传多样性的保持。这一点应是分析群体间迁移之遗传学效应的应首先关注的实际问题。

（3）对特定亚群（品种、类群）而言，迁移的积极效应是提供增加等位基因种类的可能性和增加群体内基因组合种类的可能性；其中性的遗传学效应，是改变群体原有的

基因频率；其消极的影响是破坏群体固有的基因组合体系，减少纯合子频率，在实践上则是导致品种特性的瓦解。

迁移对特定亚群的积极效应，需要通过选择和其他相应的育种措施才能转化为稳定、可持续利用的遗传资源价值；在现代的育种技术和社会经济技术背景下，通常需要较长的时间。迁移对特定亚群间的消极影响，与迁移同时发生；一旦发生，则很难排除。对于特色越鲜明（基因频率与物种平均基因频率差异越大）的亚群影响越大。

（4）对总群体而言（对物种而言，对生物资源全局而言），迁移不能增加基因种类的多样性；在保持原有亚群特性的前提下，使迁移在原有亚群的部分小群体中实现（也就是上述积极效应），有可能增加作为品种的遗传资源。但如果不存在这种前提，则恰有相反的效果。

三、淘汰

两个基本概念（表 3-1）：

① 适应度（W）：特定基因型与群体中最有利基因型留种率的比值。通常以最有利基因型的留种率为 1，特定基因型留种率为 1 减去一个定值 S，$W=1-S$ 就是该基因型的适应度。

② 选择系数（S）：特定基因型的相对淘汰率。

表 3-1　不同基因型的适应度和选择系数

	基　因　型			
	A_1A_1	A_1A_2	A_2A_2	总数
个体数	40	50	10	100
留种数	80	90	10	180
个体平均留种数	80/40=2	90/50=1.8	10/10=1	
适应度（W）	2/2=1	1.8/2=0.9	1/2=0.5	
选择系数（S）	1–1=0	1–0.9=0.1	1–0.5=0.5	

（一）淘汰部分隐性类型

1. 淘汰进展特征

设：p 为原有显性基因频率；q 为原有隐性基因频率；s 为隐性类型选择系数。隐性类型的选择系数在 0～1 之间。在这种模式下，下一代隐性基因频率为

$$q_1 = \frac{pq + q^2(1-s)}{1-sq^2} = \frac{q(1-sq)}{1-sq^2} \tag{3.19}$$

因此，基因频率的变化量为

$$\Delta q = q_1 - q = \frac{-sq^2(1-q)}{1-sq^2} \tag{3.20}$$

表 3-2 为部分隐性类型的 Δq 表。

表 3-2　淘汰部分隐性类型的 Δq 数据

Δq \quad s \quad q	0.1	0.3	0.5	0.7	0.9
0.01	−0.000 099	−0.000 029 7	−0.000 049 5	−0.000 069 3	−0.000 089
0.1	−0.000 90	−0.002 70	−0.004 52	−0.006 34	−0.008 17
0.2	−0.003 21	−0.009 77	−0.016 33	−0.023 05	−0.029 88
0.3	−0.006 36	−0.019 42	−0.032 99	−0.047 07	−0.061 70
0.4	−0.009 76	−0.031 25	−0.052 17	−0.075 67	−0.100 93
0.5	−0.012 82	−0.040 54	−0.071 43	−0.106 06	−0.145 16
0.6	−0.014 94	−0.048 43	−0.087 80	−0.134 76	−0.191 76
0.7	−0.015 46	−0.051 70	−0.097 35	−0.156 62	−0.236 67
0.8	−0.013 66	−0.047 52	−0.094 12	−0.162 32	−0.271 60
0.9	−0.008 81	−0.032 10	−0.068 07	−0.130 95	−0.269 00
0.99	−0.001 09	−0.004 16	−0.009 61	−0.021 85	−0.074 81

由表 3-2 可知，在这种模式下淘汰进度有两个特征：

第一，在选择系数一定的条件下，只有隐性不利基因频率在中等水平时，淘汰效应才显著。当其频率极高或极低时，Δq 都极其微小。

也就是说，这种淘汰对稀有隐性性状和占群体大多数的隐性性状是无效的。

第二，随着选择系数的增加，淘汰的最有效（隐性）基因频率范围也提高。

从动物育种的角度来考虑：当隐性基因频率很高时，提高对隐性类型的淘汰系数是困难的。对稀有隐性不利性状的淘汰几乎是无效的。所以这种模式不适用于动物育种。

从人类优生的角度来考虑：对稀有隐性遗传病基因患者的诊断，以及对这类个体择偶的医务指导，对个人的健康、家庭的幸福是有意义的。但特别限制这类双亲的生育对人类遗传素质总体水平的改进并无意义。

2. 选择系数极小时的遗传进展

当隐性类型的选择系数 s 与 1 比较起来小到可以忽略不计时，$1 - sq^2 \approx 1$，相邻两代基因频率的改变量为

$$\Delta q \approx -sq^2(1-q) \tag{3.21}$$

为了分析若干世代基因频率改变量的总和，可将公式（3.21）改变为一个微分方程的形式：

$$\frac{\mathrm{d}q}{\mathrm{d}t} = -sq^2(1-q)$$

$$\frac{\mathrm{d}q}{q^2(1-q)} = -s \cdot \mathrm{d}t$$

式中，t 代表以世代为单位的时间。

两边在 n 代期间求积，则

$$\int_{q_0}^{q_n} \frac{\mathrm{d}q}{q^2(1-q)} = -s\int_0^n \mathrm{d}t \tag{3.22}$$

等式之右：

$$-s\int_0^n \mathrm{d}t = -sn$$

关于方程之左，回顾：

$$\frac{\mathrm{d}x}{x^2(ax+b)} = -\frac{1}{bx} + \frac{a}{b^2}\ln\frac{ax+b}{x}$$

当 $a=-1$，$b=1$ 时，可得

$$\frac{\mathrm{d}x}{x^2(ax+b)} = -\frac{1}{x} - \ln\frac{1-x}{x}$$

$$\int_{q_0}^{q_n} \frac{\mathrm{d}q}{q^2(1-q)} = \left[-\frac{1}{q} - \ln\frac{1-q}{q}\right]_{q_0}^{q_n}$$

分别代入式（3.22）可得

$$\left[-\frac{1}{q} - \ln\frac{1-q}{q}\right]_{q_0}^{q_n} = -sn$$

$$sn = \left[\frac{1}{q} + \ln\frac{1-q}{q}\right]_{q_0}^{q_n} = \frac{1}{q_n} - \frac{1}{q_0} + \ln\frac{1-q_n}{q_n} - \ln\frac{1-q_0}{q_0}$$

所以

$$n = \frac{1}{s}\left\{\frac{q_0 - q_n}{q_0 \cdot q_n} + \ln\left[\frac{(1-q_n)/q_n}{(1-q_0)/q_0}\right]\right\}$$

$$= \frac{1}{s}\left[\frac{q_0 - q_n}{q_0 \cdot q_n} + \ln\left(\frac{q_0 - q_0 \cdot q_n}{q_n - q_0 \cdot q_n}\right)\right] \tag{3.23}$$

式中，s 为隐性类型的选择系数；q_0 为隐性基因的起始频率；q_n 为淘汰 n 代后的隐性基因频率；n 为淘汰所经历的世代数。

例 3-7　群体中隐性类型的比例原为 0.25，选择系数为 0.002，问需经历多少代才能使隐性类型比例下降为 0.01？

解：

$$q_0 = \sqrt{R_0} = \sqrt{0.25} = 0.5$$
$$q_n = \sqrt{R_n} = \sqrt{0.01} = 0.1$$
$$s = 0.002$$

根据公式（3.23），

$$n = \frac{1}{0.002}\left[\frac{0.5 - 0.1}{0.5 \times 0.1} + \ln\left(\frac{0.5 - 0.5 \times 0.1}{0.1 - 0.5 \times 0.1}\right)\right] = 5098.6 \text{ 代}$$

这种缓慢的过程通常是不容易察觉的。当隐性群体占群体大多数或稀有类型时，基因频率改变的缓慢，就更为突出。帕涛（Paton）分析过在不同的基因频率基础上，以一定的选择系数造成基因频率一定量的改变所需要的世代（表3-3）。

表3-3　$s=0.01$ 时 q 的定量改变所需要的世代（n）

q 减少的区间	n
0.999 9～0.999 0	230
0.999 0～0.990 0	232
0.990 0～0.500 0	559
0.500 0～0.020 0	5 189
0.020 0～0.010 0	5 070
0.01～0.001	90 231
0.001～0.000 1	900 230

当基因频率特别低或特别高时，基因频率一定量的改变所需时间较长。公式（3.23）可以用来分析一定期间自然群体中的隐性类型承受的选择系数。

例3-8　日本列岛的瓢虫，有4种变异类型：红色、十二星、四星、双星，这种变异是由一个常染色体复等位基因序列决定的，等位基因间的显隐性关系顺位是

$$h^{c} \quad \rightarrow \quad h^{sp} \quad \rightarrow \quad h^{A} \quad \rightarrow \quad h$$
（双星）　　（四星）　　（十二星）　　（红色）

群体统计发现，日本列岛从北到南 h 基因的频率顺次减少（形成地理梯度），h^{c} 基因频率顺次增加，说明气温对这个基因座位的基因有不同的选择系数。h 基因决定的红瓢虫在温暖地区承受了较高的选择压。在同一地域不同年代各种瓢虫的频率也有变动。日本长野县诹访地方根据保存下来的大量样本和资料，统计了1910至1950年间 h 基因的频率（q）：1920年，$q=0.6470$；1930年，$q=0.6100$；1943年，$q=0.5640$；1950年，$q=0.5350$。

瓢虫一年可繁殖4代，根据公式（3.23），

$$s = \frac{1}{n}\left[\frac{q_0 - q_n}{q_0 \cdot q_n} + \ln\left(\frac{q_0 - q_0 \cdot q_n}{q_n - q_0 \cdot q_n}\right)\right]$$

计算出不同年代红色瓢虫承受的选择系数如下：1920至1930年（约40代），$s=0.006\,308$；1930至1943年（约50代），$s=0.006\,50$；1943至1950年（约30代），$s=0.007\,109$。

计算过程如下：在长野诹访地方，1920至1930年间，hh 纯合子的选择系数为

$$s = \frac{1}{n}\left[\frac{q_0 - q_n}{q_0 \cdot q_n} + \ln\left(\frac{q_0 - q_0 \cdot q_n}{q_n - q_0 \cdot q_n}\right)\right]$$
$$= \frac{1}{40}\left[\frac{0.6470 - 0.6100}{0.6470 \times 0.6100} + \ln\left(\frac{0.6470 - 0.6470 \times 0.6100}{0.6170 - 0.6470 \times 0.6100}\right)\right] = 0.006308$$

由结果可知，1920至1950年30年间（大约120世代），对红色瓢虫（hh 纯合子）的选择系数 $s=0.006～0.007$，而且选择压有递升趋势，这说明20世纪初至中叶，气温在渐次升高。

例3-9　据调查，1975年诹访红色瓢虫频率为0.198，请估计1950至1975年间（约25年，等于100代），对红色瓢虫的选择系数，并估计此期间气象因素的变化。

解：1975 年红色基因 h 的频率为 $q_n = \sqrt{R_n} = \sqrt{0.1980} = 0.445$，此 25 年（100 代间）红色瓢虫的选择系数为

$$s = \frac{1}{100}\left[\frac{0.535 - 0.445}{0.535 \times 0.445} + \ln\left(\frac{0.535 - 0.535 \times 0.445}{0.445 - 0.535 \times 0.445}\right)\right] = 0.00739$$

红色瓢虫比 1943 至 1950 年的约 30 代期间承受了更高的选择压（该 30 代，$s=0.007\ 109$），说明气候更进一步变暖。

例 3-10 另一个著名的事例是蛾群体的工业黑化（industrial melanism）。英国从 19 世纪中叶以后，工业化地区 100 多个蛾种都发生了群体黑化现象；根据 Kettlewell 1973 年报道，20 世纪欧美工业化国家也普遍出现此现象。英国大斑蛾（*Biston betularia*），有正常型（typica）与黑化型（carbonaria）两种，正常型白翅上有黑斑点，黑化型通体为黑，这两差别决定于一对常染色体基因，黑化型对正常型完全显性。在英国的英格兰中部和东部工业地区（曼彻斯特、伯明翰、伦敦），黑化型频率在 80%以上；相反，在农村几乎见不到黑化型。而在工业化地区，黑化型的高频率是 19 世纪中叶以后出现的情况。在曼彻斯特，1848 年黑化型比例为 10%以下，到 1898 年比例上升到 99%，也就是正常型隐性基因频率原为 $q_0 = \sqrt{R_0} = \sqrt{0.99} = 0.9950$，50 年后（1898 年）其频率为 $q_n = \sqrt{R_n} = \sqrt{0.01} = 0.10$。大斑蛾一年羽化一次，50 年相当于 50 个世代，$n=50$，对正常型的大斑蛾的选择系数为

$$s = \frac{1}{50}\left[\frac{0.995 - 0.10}{0.995 \times 0.10} + \ln\left(\frac{0.995 - 0.995 \times 0.10}{0.10 - 0.995 \times 0.10}\right)\right] = 0.3297$$

正常型的适应度 $W = 1 - s = 1 - 0.3297 = 0.6703$。

如果以正常型适应度为基础，那么黑化型的适应优势为 $\frac{1}{W} = \frac{1}{0.6703} = 1.4919$。

正常型受到较大选择压的原因：工业化排出的含硫（SO_2、SO_3）废气使得青檀树干上附着的地衣类（lichen）不能生长，树干原有的白色转变为裸露树干的黑色，大斑蛾白天栖息的背景，使正常型变得显眼，比较容易被鸟类发现吃掉。在农村地区，情况与此相反，黑化型比较显眼，不利于其生长，这一点也有实验证实，大斑蛾被捕食地情况见表 3-4（两型同数拘放 2 日后清数结果）。

表 3-4 大斑蛾被鸟类扑食实验

调查地	正常型	黑化型	捕食数合计
工业区（伯明翰）	43	15	58
田园（道塞）	25	164	190

例 3-11 人类成年型乳糖酶缺乏症（adult lactase deficiency）。

人类不同种族中成年型乳糖酶缺乏症的频率有非常明显的差别。中国人、泰国人、日本人、美洲印第安人、印度人、美国黑人等农耕民族以及澳洲原住民、格陵兰因纽特人等狩猎民族，缺乏症患者约 90%；非洲游牧民族以及意大利、澳洲人、瑞士人、瑞典人、法国人、美国人等欧洲起源的酪农民族，缺乏症患者约 10%。缺乏症患者由于成年后缺乏乳糖酶，不能直接将乳糖水解为半乳糖和葡萄糖以供人体所吸收，所以成年后消化奶及奶

制品的生理机能不良，大量饮奶，甚至可能下痢以至水肿。两者的差别在于一对常染色体等位基因：显性基因 L，决定成年后乳糖酶有活性；隐性基因 l，决定成年后缺乏乳糖酶。

研究证明，人类以外的哺乳动物成年后乳糖酶都无活性，所以人类的共同祖先群体中大多数个体也是成年型乳糖酶缺乏症患者。非洲游牧民族和欧洲白人（酪农民族）由于在大约 5000 年前以挤奶为目的驯养了哺乳动物，乳的利用导致的自然选择决定了 LL、Ll 个体的优势。而农耕、狩猎民族在该座位保持了原有的基因频率分布状态。因而对非洲游牧民族和欧洲白人来说：$q_0 = \sqrt{0.90} = 0.95$，$q_n = \sqrt{0.10} = 0.31$。

5000 年的时间相当于 $n=200$ 代（按照 25 年/代计），

因而对 ll 的选择系数为

$$s = \frac{1}{200}\left[\frac{0.95 - 0.31}{0.95 \times 0.31} + \ln\left(\frac{0.95 - 0.95 \times 0.31}{0.31 - 0.95 \times 0.31}\right)\right] = 0.0296$$

在该类种族，ll 类型个体的适应度为

$$W_{ll} = 1 - s = 0.9704$$

L-型的相对生存优势则为

$$W_L = \frac{1}{0.9704} = 1.0305$$

这一数据比成年型乳糖酶缺乏症患者高 3%。

例 3-12 根据联合国 1997 年在吉尔吉斯共和国 Bishkek（比什凯克）报告的资料，当地不同民族的人群中，成年乳糖酶缺乏症患者的频率分别如下：农业民族 Donganes&Korean（东干人与朝鲜人），0.873；以农业为主的农畜牧业民族 Uzbeks（乌兹别克人），0.654；畜牧业民族 Kirghiz（吉尔吉斯人），0.407。

如果对患者的自然淘汰系数均为 0.03，请估计 Uzbeks 对东干和朝鲜人，Kirghiz 对东干和朝鲜人，就这一基因座而言的相对分化时间。

解：

（1）各族群体中乳糖酶缺乏症基因（l）的频率为

东干人和朝鲜人：$q_0 = \sqrt{R_0} = \sqrt{0.873} = 0.934$；

乌兹别克人：$q_u = \sqrt{R_u} = \sqrt{0.654} = 0.809$；

吉尔吉斯人：$q_k = \sqrt{R_k} = \sqrt{0.407} = 0.638$。

（2）以东干人与朝鲜人群体为基础，后二者分化选择世代为

$$n = \frac{1}{s}\left[\frac{q_0 - q_n}{q_0 \cdot q_n} + \ln\left(\frac{q_0 - q_0 \cdot q_n}{q_n - q_0 \cdot q_n}\right)\right] \tag{3.24}$$

$$n_{0\sim u} = \frac{1}{0.03}\left[\frac{0.934 - 0.809}{0.934 \times 0.809} + \ln\left(\frac{0.934 - 0.934 \times 0.809}{0.809 - 0.934 \times 0.809}\right)\right] = 45.72 \text{代（相当于 1143 年）}$$

$$n_{0\sim k} = \frac{1}{0.03}\left[\frac{0.934 - 0.638}{0.934 \times 0.638} + \ln\left(\frac{0.934 - 0.934 \times 0.638}{0.638 - 0.934 \times 0.638}\right)\right] = 86.00 \text{代（相当于 2150 年）}$$

$$n_{u\sim k} = \frac{1}{0.03}\left[\frac{0.809 - 0.638}{0.809 \times 0.638} + \ln\left(\frac{0.809 - 0.809 \times 0.638}{0.638 - 0.809 \times 0.638}\right)\right] = 40.27 \text{代（相当于 1007 年）}$$

由 $n_{0\sim k} - n_{0\sim u} = 86.00 - 45.72 = 40.28$ 代，可得关于 $n_{u\sim k}$ 的相同结果。

（二）淘汰全部隐性类型

1. 公式说明

当对隐性类型的选择系数提高到 1 时，上述模式就成为淘汰全部隐性类型的形式，在这种情况下，下一代基因频率为

$$q_1 = \frac{q(-sq)}{1-sq^2} = \frac{q(1-q)}{1-q^2} = \frac{q}{1+q}，\text{ 所以}$$

$$q_1 = \frac{q_0}{1+q_0} \text{（相邻两代间基因频率的关系）} \tag{3.25}$$

连续 n 代观察，根据公式（3.25）可得，第 n 代时的隐性基因频率为

$$q_n = \frac{q_0}{1+nq_0}，\text{ 则}$$

$$n = \frac{q_0 - q_n}{q_0 \cdot q_n}$$

又当 $s=1$ 时，淘汰导致的基因频率在一代间的改变量为

$$\Delta q = \frac{-sq^2(1-q)}{1-sq^2} = \frac{-q^2(1-q)}{1-q^2} = \frac{-q^2}{1+q} \tag{3.26}$$

2. 淘汰进座特征

第一，相邻两代之间基因频率的改变量完全由第一代基因频率决定。因此，可以根据淘汰之初的基因频率预计若干代之后的总改变量：

$$\sum_1^n \Delta q = \frac{-nq_0^2}{1+nq_0} \tag{3.27}$$

第二，相邻两代之间基因频率的改变量与第一代的基因频率值成正变关系，第一代基因频率值越高，基因频率改变量也越高（图3-1）。

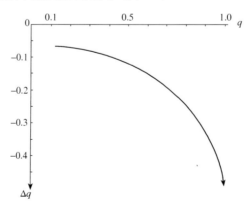

图 3-1　相邻两代间基因频率改变量关系图

第三，相邻两代间基因频率改变量的极限值为 $\Delta q = -0.5$，

$$\lim_{q \to 1} f(q) = \lim_{q \to 1} \frac{-q^2}{1+q^2} = -0.5$$

淘汰全部隐性类别，q 与 Δq 关系见表 3-5，$\Delta q = \dfrac{-q^2}{1+q}$。

表 3-5 淘汰全部隐性类型：q 与 Δq 的对应关系

q	Δq
0.000 1	$-9.999\,000\,099\,99 \times 10^{-9}$
0.001	$-9.990\,009\,99 \times 10^{-7}$
0.01	$-0.000\,099\,009\,9$
0.1	$-0.009\,090\,9$
0.2	$-0.033\,3$
0.3	$-0.069\,2$
0.4	$-0.114\,3$
0.5	$-0.166\,67$
0.6	-0.225
0.7	-0.288
0.8	-0.355
0.9	-0.426
0.99	$-0.492\,5$
0.999	$-0.499\,250$
0.999 9	$-0.499\,925$
0.999 99	$-0.499\,992\,5$

这种淘汰方式最典型的事例是隐性致死基因；也见于缺乏遗传学知识时对隐性不利性状的人工选择。

例 3-13 有一个从未对毛色作过淘汰的猪群，其 81% 个体为有色猪，以此为基础，采用淘汰全部有色猪的方法，育成一个所有个体均为白猪的新品种，需多少代时间？

解： $\qquad\qquad\qquad W（白）\to w（有色）$

设： 新品种的毛色比例要求白猪达到 99.96%（这里假设是为了便于计算）。

$$q_0 = \sqrt{R_0} = \sqrt{0.81} = 0.90$$
$$q_n = \sqrt{R_n} = \sqrt{1 - 0.9996} = 0.02$$

根据 $q_n = \dfrac{q_0}{q + nq_0}$，有

$$n = \frac{q_0 - q_n}{q_0 q_n} = \frac{0.90 - 0.02}{0.9 \times 0.02} = 48.9 代$$

最快世代间隔 $G_I = 2$ 年，48.9 代 ≈ 97.8 年。

这种淘汰方式作为选种方法已经过时，因为当隐性基因频率很低时，遗传进展缓慢；当隐性基因频率较高时，虽进展快，但选择系数大，难以付诸实施。

（三）淘汰部分隐性类型和部分杂合子

1. 一般模式

设：对隐性类型的选择系数为 s_3；对杂合子的选择系数为 s_2；A 为显性基因；a 为隐性基因；p 为显性基因频率；q 为隐性基因频率。

则相邻两代基因频率的变化如表 3-6 所示。

表 3-6　相邻两代基因频率的变化

	AA	Aa	aa	总计
起始基因频率	p^2	$2pq$	q^2	
适应度	1	$1-s_2$	$1-s_3$	
淘汰后的频率	p^2	$2pq(1-s_2)$	$q^2(1-s_3)$	$1-2pqs_2-q^2s_3$

由表 3-6 可得下一代隐性基因频率为

$$q_1 = \frac{pq(1-s_2)+q^2(1-s_3)}{1-2s_2pq-s_3q^2} = \frac{(1-q)q(1-s_2)+(1-s_3)q^2}{1-2s_2(1-q)q-s_3q^2}$$

$$= \frac{q-s_2q+(s_2-s_3)q^2}{1-2s_2q+(2s_2-s_3)q^2} \tag{3.28}$$

相邻两代隐性基因频率改变量为

$$\Delta q = q_1 - q = \frac{q-s_2q+(s_2-s_3)q^2}{1-2s_2q+(2s_2-s_3)q^2} - q = \left[\frac{1-s_2+(s_2-s_3)q}{1-2s_2q+(2s_2-s_3)q^2} - 1 \right]q \tag{3.29}$$

这种淘汰方式的进度有显著的特点，下面以具体实例来予以说明。

例 3-14 Boer（波尔）山羊的下垂耳对 Bezoar 型和 Savanna 型（我国绝大部分山羊品种属于这两型）的平耳是不完全显性，因此杂合子有第三种表型：EE（下垂耳）、Ee（半垂耳）、ee（平伸耳）。

目前苏、陕、豫、鲁、冀各地以波尔山羊为父本的山羊肉用性能改良和育种中，对外貌的要求都以垂耳为目标，淘汰半垂耳和平耳。

（1）有一羊群，平耳羊占 25%，半垂耳羊占 50%，垂耳羊占 25%，现在按以下比例去淘汰平耳羊和半垂耳羊，进展分别如何？

① s_2=0.40，s_3=0.60；

② s_2=0.60，s_3=0.60；

③ s_2=0.80，s_3=0.60；

④ s_2=0.90，s_3=0.60。

解：$q = \sqrt{0.25} = 0.5$

从公式（3.28）与（3.29），可得淘汰进展 Δq 和下代平耳羊比例为

① Δq= −0.1154，R=14.79%；

② $\Delta q = -0.1364$，$R=13.22\%$；

③ $\Delta q = -0.1667$，$R=11.11\%$；

④ $\Delta q = -0.1875$，$R=9.76\%$。

从本例我们可以看到，当隐性类型的选择系数一定时，淘汰进度与杂合子的选择系数呈正比关系。

（2）羊群中平耳羊占 64%，半垂耳羊 32%，垂耳羊占 4%，分别按以下选择系数共淘汰，进展又如何？

① $s_2=0.40$，$s_3=0.60$；

② $s_2=0.60$，$s_3=0.60$；

③ $s_2=0.80$，$s_3=0.60$；

④ $s_2=0.90$，$s_3=0.60$；

⑤ $s_2=0.95$，$s_3=0.60$。

解： $q = \sqrt{0.64} = 0.8$

从公式（3.28）与（3.29），可得淘汰进展 Δq 和下代平耳羊比例为

① $\Delta q = -0.0787$，$R=52.03\%$；

② $\Delta q = -0.0453$，$R=56.96\%$；

③ $\Delta q = 0$，$R=64.00\%$；

④ $\Delta q = +0.0293$，$R=68.77\%$；

⑤ $\Delta q = +0.04615$，$R=71.61\%$。

在本例可见，在隐性类型选择系数一定时，淘汰进展与杂合子的选择系数呈反比关系。

2. s_2、s_3 与 Δq 的关系

制约 Δq 的 3 个因素 q、s_2、s_3 与淘汰进展关系如下：

（1）无论群体起始基因频率如何，隐性类型的选择系数上升，将使 Δq 增大（按淘汰的目标增大，当然其值为负），也就是淘汰进展加快。

（2）当群体的隐性基因频率低于 0.5 时，在隐性类型选择系数已经确定的前提下，淘汰进度（Δq）随着杂合子选择系数上升而加快。

（3）当隐性基因频率高于 0.5 时，在隐性类型选择系数小于 1 的前提下，淘汰进展取决于杂合子的选择系数与隐性类型选择系数之比值。

① 当 $\dfrac{s_2}{s_3} < \dfrac{q(q-1)}{1-3q+2q^2}$ 时，$\Delta q<0$，淘汰有进展；

② 当 $\dfrac{s_2}{s_3} = \dfrac{q(q-1)}{1-3q+2q^2}$ 时，$\Delta q=0$，淘汰无任何进展，群体无变化；

③ 当 $\dfrac{s_2}{s_3} > \dfrac{q(q-1)}{1-3q+2q^2}$ 时，$\Delta q>0$，淘汰向与目标相反的方向倒退，隐性类型和杂合子越淘汰越多。

【小结】

群体遗传学这一分析领域为动物育种实践提供了操作上的思路：

① 首先要根据 D、H、R 三种基因型频率计算基因频率；

② 然后根据群体规模、留种率（相当于适应度 W）确定隐性类型可能达到的选择系数(s_3)；

③ 根据 $s_2 = \dfrac{q}{2q-1} s_3$ 计算出 s_2 的允许范围（注意：不是最适宜范围）。

（4）当隐性类型选择系数 $s_3=1$ 时（即 $w_{aa}=0$），淘汰进展与杂合子选择系数 s_2 随之提高。

s_2、s_3、q 对 Δq 的影响见表 3-7。

表 3-7　淘汰部分隐性类型与部分杂合子时，s_2、s_3、q 对 Δq 的影响之例表

q	s_2	s_3	Δq	备注
0.2	0.3	0.4	−0.046 84	
		0.6	−0.054 50	
0.2	0.7	0.4	−0.105 3	相同 s_2、s_3 的最大 Δq 值
		0.6	−0.114 9	
0.5	0.3	0.4	−0.066 7	相同 s_2、s_3 的最大 Δq 值
		0.6	−0.107 2	相同 s_2、s_3 的最大 Δq 值
0.5	0.7	0.4	−0.090 9	
		0.6	−0.150 0	相同 s_2、s_3 的最大 Δq 值
0.8	0.3	0.4	−0.034 6	
		0.6	−0.092 3	
0.8	0.7	0.4	+0.030 8	反进展
		0.6	−0.024 6	

3. 特殊情况：杂合子选择系数为隐性类型选择系数的 0.5 倍时的选择进展

设：q 为隐性基因（a）的频率；p 为显性基因（A）的频率；s 为对杂合子的选择系数。

则基因型频率的变化可由表 3-8 分析。

表 3-8　不同基因型频率的变化表

	AA	Aa	aa	合计
起始频率	p^2	$2pq$	q^2	1
适应度	1	$1-s$	$1-2s$	
淘汰后频率	p^2	$2pq(1-s)$	$q^2(1-2s)$	$1-2sq$

淘汰后下一代隐性基因频率为

$$q_1 = \frac{pq(1-s) + q^2(1-2s)}{1-2sq} = \frac{q - sq(1+q)}{1-2sq}$$

相邻两代基因频率的变化量为

$$\Delta q = q_1 - q = \frac{q - sq(1+q)}{1-2sq} - q = \frac{-sq(1-q)}{1-2sq}$$

当对杂合子的选择系数 s 极低时，有

$$\Delta q \approx -sq(1-q)$$

$$\frac{\mathrm{d}q}{\mathrm{d}t} = -sq(1-q)$$

$$\frac{\mathrm{d}q}{q(1-q)} = -s \cdot \mathrm{d}t$$

式中，t 为以世代为单位的时间。

两边求积（在 n 代期间），可得

$$\int_{q_0}^{q_n} \frac{\mathrm{d}q}{q(1-q)} = -s \int_0^n \mathrm{d}t$$

因为 $\quad \dfrac{\mathrm{d}x}{x(1-x)} = -\log_e \dfrac{1-x}{x} \quad$（标准积分公式）

$$-\ln\left(\frac{1-q}{q}\right)\Big|_{q_0}^{q_n} = -sn$$

所以 $sn = \ln\left(\dfrac{1-q}{q}\right)\Big|_{q_0}^{q_n} = \ln\left(\dfrac{1-q_n}{q_n}\right) - \ln\left(\dfrac{1-q_0}{q_0}\right) = \ln\left(\dfrac{q_0 - q_0 \cdot q_n}{q_n - q_0 \cdot q_n}\right)$

$$n = \frac{1}{s}\ln\left(\frac{q_0 - q_0 \cdot q_n}{q_n - q_0 \cdot q_n}\right) \tag{3.30}$$

例 3-15　甲：$q_0 = 0.9$，$q_n = 0.8$，$s = 0.001$；

乙：$q_0 = 0.6$，$q_n = 0.5$，$s = 0.001$。

解：所需世代数分别为

$$n_甲 = \frac{1}{0.001}\ln\left(\frac{0.9 - 0.9 \times 0.8}{0.8 - 0.9 \times 0.8}\right) = 810.9 代$$

$$n_乙 = \frac{1}{0.001}\ln\left(\frac{0.6 - 0.6 \times 0.5}{0.5 - 0.6 \times 0.5}\right) = 405.5 代$$

（四）涉及超显性的淘汰

【备忘录】

超显性（overdominance）：通常是指杂合子表型比任何一种纯合子更优越。

在群体遗传学上陈述的超显性，是广义的概念。它是指杂合子的适应度超过了两种纯合子适应度的范围。如果杂合子比任何纯合子的适应度都高，称为正超显性（或简称为超显性）；如果杂合子适应度比任何纯合子适应度都低，称为负超显性。

---

1. 涉及正超显性的淘汰

设：杂合子的适应度为 1，则 $W_{Aa}=1$；显性类型的选择系数为 s_1，$0<s_1<1$，则 $W_{AA}=1-s_1$；隐性类型的选择系数为 s_2，$0<s_2<1$，则 $W_{aa}=1-s_2$。

则根据表 3-9，可开始对基因频率变化的分析。

表 3-9　不同基因型频率的变化表

	AA	Aa	aa	合计
起始频率	$(1-q)^2$	$2q(1-q)$	q^2	1
适应度	$1-s_1$	1	$1-s_2$	
淘汰后频率	$(1-q)^2(1-s_1)$	$2q(1-q)$	$q^2(1-s_2)$	$\overline{W}=1-s_1(1-q)^2-s_2q^2$

下一代隐性基因 a 的频率 q 为

$$q_1 = \frac{q(1-q)+q^2(1-s_2)}{1-s_1(1-q)^2-s_2q^2}$$

一代间基因频率的变化量为

$$\Delta q = q_1 - q = \frac{q(1-q)+q^2(1-s_2)}{1-s_1(1-q)^2-s_2q^2} - q$$
$$= \frac{q(1-q)[s_1(1-q)-s_2q]}{1-s_1(1-q)^2-s_2q^2} \qquad (3.31)$$

在除了 $q=1$ 或 $q=0$ 的条件下，满足 $\Delta q=0$，即隐性基因 a 的频率在淘汰中不改变的 q 值，也就是隐性基因 a 的平衡频率。从公式（3.31）可分析该平衡频率：

当 $\Delta q=0$，即 $\dfrac{q(1-q)[s_1(1-q)-s_2q]}{1-s_1(1-q)^2-s_2q^2}=0$ 时，可得

$$s_1(1-q)=s_2q$$
$$\therefore q = \frac{s_1}{s_1+s_2}$$
$$\hat{q} = \frac{s_1}{s_1+s_2} \qquad (3.32)$$

式中，$\hat{q}$ 为 a 的平衡频率。

同理可说明，显性等位基因 A 的平衡频率为

$$1-\hat{q} = \frac{s_2}{s_1+s_2} \qquad (3.33)$$

平衡式（3.32）与（3.33）说明，在存在超显性效应的情况下，除非该基因座的频率值已固定（$q=1$ 或 $q=0$），每一个等位基因的平衡值决定于显性类型与隐性类型的选择系数，与群体固有的基因频率无关。具体地说，隐性基因的平衡值是显性类型选择系数跟两种纯合子类型各自选择系数之和的比值，显性基因的平衡值是隐性类型选择系数跟两种纯合子选择系数之和的比值。在存在超显性作用的淘汰模式中，等位基因迟早要达到

其平衡值并保持不变。在超显性条件下，等位基因频率由于淘汰导致的基因频率改变量而向平衡值趋近的情形，还可以由 Δq 与 q 的函数关系来说明（图3-2）：

$$在\ s_1=0.2，s_2=0.3\ 时，\hat{q}=\frac{0.2}{0.5}=0.4。$$

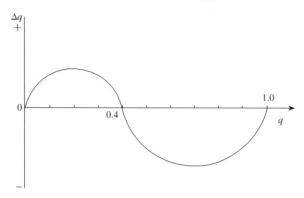

图 3-2　正超显性条件下 Δq 与 q 的函数图

只要存在 $0<s_1<1$，$0<s_2<1$ 条件，Δq 在平衡值附近一定是处于下降状态，因而称为"安定平衡"（stable equilibrium）。q 在平衡值以下时，Δq 为正值。q 在平衡值以上时，Δq 为负值。Δq 的图像曲线与横轴 q 交于 $\hat{q}$。

例 3-16 Buzatti-Traverso 试验（布扎特-村维索试验）。

布扎特与村维索搜集了世界各地 100 个黄果蝇的野生型系统，其中有 2 个系统中包含一些被称为淡色眼（light eye color）的变异个体。他们又不时地从意大利北部农村收集果蝇，形成了若干个包含淡色眼的品系。试验发现，淡色眼是第 3 常染色体上的隐性突变。他们在实验室条件下进行了野生型与淡色眼的"活力竞争试验"（competition experiment）。试验分为三组，开始时，淡色眼基因的频率分别是 $q=0.875，0.500，0.125$。每个世代都分析和统计淡色眼基因频率的变化，经过 15 个世代，发现无论哪个组，其基因频率基本上都落在 0.57～0.63 之间，以后各代基因频率几乎无变化。即和初始基因频率无关，野生型和淡色眼的竞争中，淡色眼基因的平衡值为 0.60 左右。他们根据这一结果确认野生型和淡色眼之间的杂合子比两种纯合子有更高的适应度，并且根据平衡公式（3.32）与（3.33）计算出两种纯合子的选择系数之比值是 $\dfrac{s_2}{s_1}=\dfrac{2}{3}$。

请根据本题理论公式和布扎特-村维索的公式试验背景导出 $\dfrac{s_2}{s_1}$ 的方法。

解： 由 $\hat{q}=\dfrac{s_1}{s_1+s_2}=0.6 \Rightarrow \dfrac{s_1}{s_2}=\dfrac{3}{2}$，所以 $\dfrac{s_2}{s_1}=\dfrac{2}{3}$。

例 3-17 人类的镰刀型红血球贫血症（sickle-cell anemia）。

人们 1910 年在非洲地中海沿岸发现这种疾病；1912 年证实这种贫血症按孟德尔遗传方式遗传；20 世纪 60 至 70 年代末，发现这种疾病的根源是血红蛋白型的差异。

正常的血红蛋白型为 A 型（Hb-A），患者是 S 型（Hb-S）（在电泳中 S 型条带移动较慢）。S 型和 A 型的生化分子水平差异在于 S 型 Hb-β 链发生突变，从 N 端起第 6 个氨基酸为缬氨酸（Val），而正常的为谷氨酸（Glu）。S 型血红蛋白在世界其他地方人群中几乎不存在，但在地中海沿岸频率较高。

异常的杂合子个体（Hb-β^A/Hb-β^S，简称 AS 个体），Hb-S（S 型血红蛋白）的含量占 30%～45%，通常不表现症状，但在缺氧情况下，红细胞成为镰刀形，表现出贫血症状；异常的纯合子个体（Hb-β^S/Hb-β^S）的血红蛋白几乎全为 Hb-S（S 型血红蛋白），红细胞在通常条件下都明显地表现为镰刀状，严重贫血，大多在幼儿阶段死亡，因此，可以认为 SS 个体的适应度几乎为 0。但是奇怪的是，非洲大陆有些部落的 AS 杂合子个体频率相当高，以至于达到 40%，也就是隐性致死基因频率高达 0.2（q_s=0.2），且代代相传。后来，有一学者 Alisson 发现，AS 杂合子个体对热带的疟疾有高度抵抗力；同时经流行病统计分析发现，热带疟疾的流行程度与居民中的 AS 杂合子个体的频率呈高度正相关。正常血红蛋白的人（AA）比之于杂合子 AS 个体对疟原虫（plasmodium falciparum）易感，而且患病重，因而在高湿度的农耕地区，由于生态环境保证了疟原虫的媒介昆虫疟蚊的繁殖，使疟原虫得以长期生存，使得携带隐性致死基因的 Hb-S 的 AS 个体由于抗疟疾获得了高于正常个体的适应度，进而也保持了镰刀形贫血病基因在当地人群中的高频率。

根据 AS 杂合子频率的稳定性，可分析它对于 AA 纯合子的优势（表 3-10）。

表 3-10　甲乙两地 AS 杂合子对于 AA 在适应性上的优势

地区	Hb-β^A/Hb-β^S 频率	$\hat{q}$	$s_1 = \dfrac{s_2\hat{q}}{1-\hat{q}}$	W_{AS}/W_{AA}
甲	0.40	0.20	0.25	1.33
乙	0.20	0.10	0.11	1.12

注：s_2=1，W_{SS}=0 的条件下。

表 3-10 结果说明：在地区甲，AS 杂合子对于 AA 在适应上的优势高 33%；在地区乙，AS 杂合子对于 AA 在适应上的优势高 12%。

这一优势是在热带疟疾流行地区血红蛋白多型状态得以维持的基础。但这些人群一旦迁出疟疾流行区域以外，这种平衡机制也就被打破，杂合子优势就会减弱。如，美国黑人是 300～400 年前由西非贩卖到美洲的黑人奴隶的后裔。根据 Allison 研究，黑人进入美洲大陆之初镰刀形红细胞贫血病基因携带者（AS 杂合子）约占 15%，300～400 年后的 1950 年达（扣除白人基因流入的影响）9%左右。即在大约 13 代之间，S 基因频率下降了 3%，这是由于杂合子 AS 在新的生态环境总的适应度不如 AA，它受到更高的选择系数之压力所致。

2. 涉及负超显性的淘汰

设：两种纯合子 AA 和 aa 的适应度为

$$W_{AA}=W_{aa}=1$$

杂合子适应度为 $W_{Aa}= 1-s$（0＜s＜1），见表 3-11。

表 3-11　不同基因型频率的变化表

	AA	Aa	aa	合计
起始频率	$(1-q)^2$	$2q(1-q)$	q^2	1
适应度	1	$1-s$	1	
淘汰后频率	$(1-q)^2$	$2q(1-q)(1-s)$	q^2	$\overline{W}=1-2sq(1-q)$

相邻两代间基因频率的变化量为

$$\Delta q = \frac{q(1-q)(1-s)+q^2}{1-2sq(1-q)} - q$$

$$\approx 2sq(1-q)\left(q-\frac{1}{2}\right) \tag{3.34}$$

除了 $q=1$，$q=0$ 之外，满足 $\Delta q=0$（也即虽有淘汰但并不改变群体基因频率）时的 q 值是 $\hat{q}=\dfrac{1}{2}$。

相邻两代基因频率的改变量 Δq 是基因频率 q 的函数，在负超显性淘汰的情况下，其图像如图 3-3 所示。

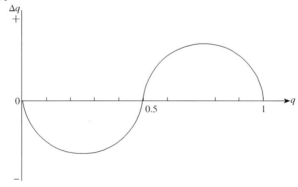

图 3-3　负超显性条件下 Δq 与 q 的函数图

无论群体原来基因频率如何，其基因频率平衡值均为 0.5。

Δq 在平衡值附近一定是处于上升状态，Δq 随着选择还在继续提高，因而这种平衡称为"不安定的平衡"（unstable equilibrium）。所谓不安定，是指群体一对等位基因频率的差，以平衡值为依据，会逐代扩大、以至于一个基因被固定。

例 3-18　负超显性的淘汰的著名例子是人类 Rh 血型系统。

支配 Rh 抗原的基因为 Rh 基因，产生该抗原；支配无 Rh 抗原的基因为 rh 基因（隐性），不产生该抗原。Rh 基因对 rh 基因显性。

个体 $RhRh$、$Rhrh$ 血检为 $Rh+$；个体 $rhrh$ 血检为 $Rh-$。

若父亲为 $RhRh$，母亲为 $rhrh$，则胎儿为杂合子 $Rhrh$。在胎儿期会有很大的危险性，因为胎儿带 Rh 抗原，此时母亲的血液和胎儿的血液混合，会使母体产生抗 Rh 的抗体进入胎儿血液，从而使胎儿血液与母亲血液反应，易导致胎儿产生溶血性疾病即溶血型黄疸，造成死产、流产，这种"母子间不适合"（maternal-foetal incompatibility）导致杂合子（*Rhrh*）被淘汰。

在这种情况下，医生只能采取换血，只淘汰杂合子胎儿，而无法淘汰纯合子双亲。

但并非 *R*、*r* 型通婚均产生病变，如 *Rhrh*×*rhrh*→*Rhrh*，*rhrh*（一半个体会产生病变）。

防止办法：择偶、出生时换血、选择生育、基因疗法。

优先顺序：基因疗法、择偶、选择生育、出生时换血。

这种负超显性淘汰的结果，将是使等位基因之一消失，另一个固定。但是，有一些事例，包括 *Rh* 血型的基因频率，往往在一些群体中维持着类似的安定平衡状态，也就是并未发现特定等位基因频率的世代变化。松永（1958 年）认为其中肯定有其他的淘汰因素在起作用，这些因素如下所述。

① 超生殖补偿：由于母子不适合导致子女死亡的双亲中，几乎都有再生孩子的希望和倾向。

② 对其他疾病的抗病性有差别：例如，社会医学统计发现人类 A 型血的人胃癌发病率较高；O 型血的人胃、十二指肠溃疡患者比例较多。

③ 某些杂合子的出生率超过理论上应该有的比例：如人类的血型系统，*AB*×*AB* 的双亲，子女应为 A 型：*AB* 型：*B* 型=1：2：1。但是在东西方许多人群统计的结果都发现 *AB* 型的实际比例高于理论比例。

④ *Rh* 不适合与 ABO 不适合之间淘汰的互作。

例 3-19 不安定平衡下，低频率的基因（遗传物质）会消失。

家马与蒙古野马的杂种 F_1 代，生殖力低于双亲。原因是：家马的核型 $2n=64$，蒙古野马的核型 $2n=66$，从历史进化的角度来看，$2n=64$ 与 $2n=66$，涉及一个罗伯逊变化，亦即两条非同源的核型端着丝粒染色体融合为一条中着丝粒染色体，或者一条中着丝粒染色体核型裂解为两条端着丝粒染色体并在进化中得以固定。家马与蒙古野马的 F_1 代 $2n=65$，它有产生染色体组成不平衡的子代的可能，但由于负超显性淘汰作用，群体不可能维持这种多型状态。以家马为基础的群体，将很快消除频率很低的来自蒙古野马的（未经罗伯逊融合或已经罗伯逊裂解的）端着丝粒型染色体。导致多态现象消失，最终只有家马或蒙古野马。

（五）关于淘汰的小结

1. Fisher 的自然淘汰定律

Fisher 的自然淘汰定律（fundamental theory of natural selection），我国文献亦常称选择定律。1929 年由 Fisher 首先提出，1955 年李景均（C.C.Li）博士首先作出简练严谨的证明。

我们介绍李景均的论述（表 3-12）。

表 3-12　群体的基因型、频率及适应度

基因型（*G*）	G_1	G_2	G_3	⋯	G_i
频率（*f*）	f_1	f_2	f_3	⋯	f_i
适应度（*W*）	W_1	W_2	W_3	⋯	W_i

全群平均适应度则为 $\overline{W} = \sum_i f_i W_i$

适应度的方差则为 $\sigma_w^2 = \sum f_i (W_i - \overline{W})^2 = \sum f_i W_i^2 - (\overline{W})^2$

假设淘汰后各基因型的频率为 f'，则淘汰后群体的基因型、频率及适应度见表 3-13。

表 3-13 淘汰后群体的基因型、频率及适应度

基因型（G）	G_1	G_2	G_3	$\cdots$	G_i	
频率（f'）	$f_1 W_1$	$f_2 W_2$	$f_3 W_3$	$\cdots$	$f_i W_i$	$\left(\sum f_i W = 1\right)$
适应度（W）	W_1	W_2	W_3	$\cdots$	W_i	

因而淘汰后下一代群体的平均适应度为

$$\overline{W}' = \frac{\sum f_i' W_i}{\sum f_i'} = \frac{\sum f_i W_i^2}{\sum f_i W_i} = \frac{\sum f_i W_i^2}{\overline{W}}$$

因此，淘汰后群体一代间获得的适应度改变量为

$$\Delta W = \overline{W}' - \overline{W} = \frac{\sum f_i W_i^2}{\overline{W}} - \sum_i f_i W_i = \frac{\sum f_i W_i^2 - \left(\sum f_i W_i\right)^2}{\overline{W}} = \frac{\sigma_w^2}{\overline{W}} \tag{3.35}$$

因为 $\overline{W} = 1$，所以 $\Delta W = \sigma_w^2$（各基因型适应度的方差）。

归纳如下：Fisher 的自然选择（淘汰）定律是指生物群体任意世代一代间平均适应度的增量等于该世代群体内适应度的方差。

2. 淘汰进展的一般公式

在以上陈述的基础上，我们来讨论适用于各种淘汰模式的一般公式（表 3-14）。

表 3-14 各基因型频率淘汰前后变化表

基因型	AA	Aa	aa	
淘汰前频率	$(1-q)^2$	$2q(1-q)$	q^2	（合计 1）
适应度	W_{AA}	W_{Aa}	W_{aa}	
淘汰后频率	$\dfrac{(1-q)^2 W_{AA}}{\overline{W}}$	$\dfrac{2q(1-q)W_{Aa}}{\overline{W}}$	$\dfrac{q^2 W_{aa}}{\overline{W}}$	（合计 1）

表 3-14 中平均适应度 $\overline{W} = (1-q)^2 W_{AA} + 2q(1-q)W_{Aa} + q^2 W_{aa}$。

因而，下一代基因 a 的频率为

$$q_1 = \frac{q(1-q)W_{Aa} + q^2 W_{aa}}{\overline{W}}$$

相邻两代间因淘汰而导致的基因频率变化量为

$$\Delta q = \frac{q(1-q)W_{Aa} + q^2 W_{aa}}{(1-q)^2 W_{AA} + 2q(1-q)W_{Aa} + q^2 W_{aa}} - q = \frac{q(1-q)}{\overline{W}} \cdot \frac{\mathrm{d}\overline{W}}{2\mathrm{d}q}$$

也可变换为以下形式：

$$\Delta q = \frac{q(1-q)}{2} \cdot \frac{\mathrm{d}}{\mathrm{d}q} \log_e \overline{W} \tag{3.36}$$

四、多因素的合并效应

以上我们分别陈述了导致等位基因频率定向变化的三个因素。在多数情况下，生物群体同时受到一个以上因素形成的压力，为此，将一个座位上的等位基因承受的多种定向压力累加起来，一代之间其频率的改变量应为

$$\Delta q = -u + v(1-q) \qquad \text{（突变）}$$
$$+ m(q_m - q) \qquad \text{（迁移）}$$
$$+ \frac{q(1-q)}{2} \cdot \frac{\mathrm{d}}{\mathrm{d}q} \log_e \overline{W} \quad \text{（淘汰）} \tag{3.37}$$

式中，q 为在突变中减少（在回原中增加）的等位基因在群体中原有的频率；u 为突变率；v 为回原率；q_m 为该基因在迁入群体中的频率；m 为迁移率；$\overline{W}$ 为群体 3 种基因型的平均适应度；Δq 为在三种压力共同作用下，该基因在一代间的变化量。

以下说明多种因素共同作用的结果和导致平衡的几种具体情况。

1. 突变与自然选择间的平衡

生物群体一方面由突变不断地提供可遗传的变异，另一方面由于突变的大多数是有害的隐性基因，同时又在遭受自然淘汰而消除。也就是说，群体同时承受着突变和淘汰两种相反压力的作用，在忽略回原这一极小数值的条件下，群体中正常基因与突变基因共存的多型状态，是突变和淘汰两种相反压力相平衡的结果。

设：$A \overset{u}{\longrightarrow} a$（$A$ 对 a 显性，突变率为 u），三种基因型 AA、Aa、aa 的适应度顺次为 1、1 和 $1-s$。

A 和 a 原有基因频率顺次为（$1-q$）和 q，则在两种压力下一代间基因频率变化量为

$$\Delta q = u(1-q) - sq^2(1-q)$$

当 $\Delta q = 0$，即两种压力的平衡使群体基因频率保持不变的时候，则有

$$u(1-q) = sq^2(1-q)$$
$$u = sq^2 \qquad q = \sqrt{u/s}$$

所以 q 的平衡值为 $\hat{q} = \sqrt{\dfrac{u}{s}}$。

如果基因 a 为隐性致死基因，那么隐性纯合子 aa 的选择系数 $s=1$，此时 $\hat{q} = \sqrt{u}$。

包括人类在内的各种动物群体大多存在一些适应度低的基因，这种多型状态的维持

机制，一般可以用上述说明来解释。

2. 迁移与自然淘汰间的平衡

亚群间的迁移，可能导致亚群间基因频率差别消失和群体均值化；如果只有迁移一种效应，就不存在导致平衡的效应。如果同时存在自然淘汰的效应，情况就不同了。自然淘汰造成了带状的分布地域；在自然淘汰作用从分布地带的一端向另一端逐渐变化的情况下，我们可以发现基因频率分布的地理梯度，也就是形成若干地理渐变生态群（geographical cline）。

例 3-20　如例 3-8 所述日本列岛瓢虫的"双星"斑纹基因 h^c 和红色基因 h 的频率分布，由东北向西南的梯度（h^c 基因频率由低而高；h 基因频率由高而低），就是淘汰与迁移两种不同方向的压力相平衡的结果：前者即昆虫的迁移分散导致群体均质化的压力；后者即纬度决定的气温差形成的自然淘汰压力。

例 3-21　英国北部 Shetland 岛上的 *Amathes glareosa* 蛾。

该物种在 Shetland 岛有两型：正常型（typica）体色以白色为主；黑色型（edda）体色全黑，飞翔力弱。黑色型对正常型完全显性。Shetland 是个很小的岛群，蛾的自由迁移并无任何地理屏障，如果没有其他因素，迁移本应导致全岛两型蛾的均匀分布。但是 Kettlewell 等（1961）调查的结果显示：黑色型在岛南端占 2%，在北端占 97%，而且从南到北频率分布形成一个很有规则的梯度。Kettlewell 等会同生态学家调查了形成这种梯度的原因。原来该群岛北端靠近挪威海，有许多海鸥，海鸥以蛾为食，且捕食习性为在空中捕食飞翔中的昆虫，黑色型飞翔力弱、体色暗，有保护色效果，所以比之正常型有生存上的优势。群岛南端海鸥较少，黑色型体色的保护作用失去意义，其飞翔力弱使之在觅食和求偶方面处于不利地位。因而南北淘汰压的方向相反，阻止了迁移导致全岛两型均匀分布的结果，由此逐渐导致全岛两型均匀分布的梯度。

例 3-22　地中海撒丁岛（Sardinia）绵羊血红蛋白（Hb）型的频率分布。

绵羊的血红蛋白型由一个座位的一对等显性基因支配，Hb^A 基因决定的 Hb-A 型，在电泳中移动较快，Hb^B 基因决定的 Hb-B 型在电泳中移动较慢，杂合子为 Hb-AB 型。Hb-A 型比 Hb-B 型对氧亲和力高。Hb^A 基因和 Hb^B 基因在分子基础上的差异，涉及 β 链上的 7 个氨基酸的置换。撒丁岛面积不大，羊群流动较高，导致全岛绵羊 Hb 基因频率分布的均一化，但在该岛绵羊划分为山岳型、丘陵型和低地型，三型中的 Hb^A 基因频率分布顺次为 0.47、0.36 和 0.29；同时海拔越高，绵羊体格越小。Manwell 等人认为撒丁岛绵羊 Hb 型频率的地理梯度与过去漫长演化史中的迁移和低气压环境的自然淘汰有关。

3. 分离异常与自然淘汰

小鼠 T 基因座上有一个复等位基因系列：显性基因 T、隐性基因 t、野生型基因+。这二种基因形成的各种基因型的表现型如下：T/T，致死；$T/+$，短尾；T/t，无尾；$+/+$，正常；$+/t$，正常；t/t，致死、雄鼠不育。

其中，t 基因是隐性致死基因，在野生群体中理应迅速消失。

将从野生状态采集的家鼠，用 T/t（短尾）基因型的家鼠进行测交，检测测交后代的表型。

如果采集的野生家鼠的基因型为+/+，则后代应该为正常（+/t）或者短尾（T/+），不应该有无尾的个体（T/t）。

如果采集的野生家鼠的基因型为+/t，则后代应为正常（+/+、+/t）、短尾（T/+）、无尾（T/t）三类。

测定结果如表 3-15 所示（Dunn 与 Morgan 的试验，1953）。

表 3-15　野生小鼠群体 T 基因座基因型检测结果

取样地点	样本只数	性别	基　因　型	
			+/+	+/t
New York Ⅰ	12	♂♀	5	7
New York Ⅱ	1	♂	0	1
Connecticut	3	♀♀	2	1
Vermout	4	♂♂	4	0
Wisconsin Ⅰ	4	♂♂	4	0
Wisconsin Ⅱ	10	♂♂	10	0
Wisconsin Ⅲ	6	♂♂	5	1

注：后代只有正常和短尾者，则采集的野生家鼠的基因型判定为+/+；后代除正常和短尾之外，还有无尾个体的，基因型判定为+/t。

t 基因属致死突变基因，按常理应属稀有，但从表 3-15 可见野生型群体中有相当多的+/t 杂合子，结果出人意外。研究者于是进一步分析了被判定为+/t 基因型的个体与 T/+ 配偶交配所生后代中短尾（T/+）和无尾（T/t）个体的比例。这个比例应当和受测个体产生的+配子和 t 配子的比例相等，按正常的等位基因分离规律，其比值应为 1∶1，但测定的结果并非如此。测定的结果如表 3-16 所示。

表 3-16　以短尾（T/t）测交+/t 杂合子个体所得后代的比例

受测+/t 个体的只数与性别	测交后代的表型和基因型				合计
	正常（+/+，+/t）	短尾（T/+）	无尾（T/t）	不明	
19♂♂	914	123	786	21	1844
10♀♀	158	86	74	10	328

从测定结果来看，受测+/t 雌鼠的后代中，短尾∶无尾=86∶74，基本上符合 1∶1 的比例（$\chi^2=0.90$，$p=0.3\sim0.5$），受测个体产生的+配子与 t 配子是等量的。

受测+/t 雄鼠的后代中，无尾∶短尾=123∶786，后者显著地高，完全不符合 1∶1（按 1∶1 检验，$\chi^2=483$，$p<0.001$），也就是说受测+/t 雄鼠产生的 t 配子远远多于+配子。

研究者将这种反常的比例表示为 $(1-m) : m$（相当于 $+/t$），以上资料[$(1-m) : m$=123 : 786] 所得的 m=0.86。这种分离比中的 m 值因群体而异，在 0.85～0.99 之间。这种情况说明 t 基因虽因纯合致死被淘汰，但在杂合子其分离比（segregation ratio）远远高于 0.5，因此，在野生群体它可能保持着反常的高频率。

20 世纪 60 年代，另一学者 Bruck（1957）分析过小鼠 T 座位上 t 基因的平衡频率。他假定该基因在正常 $+/t$ 杂合子的雌鼠的分离比为 0.5，在正常杂合子（$+/t$）的雄鼠的分离比为 m，基因型 $+/+$ 和 $+/t$ 的适应度为 1，基因型 t/t 适应度为 0，在平衡群体 t/t 淘汰后，成年小鼠中正常 $+/t$ 杂合子频率为

$$\hat{H} = [\hat{q}(1+2m) - 4m\hat{q}^2]/(1 - 2m\hat{q}^2) \tag{3.38}$$

式中，$\hat{q}$ 为 t 基因的平衡频率。

雄鼠中 t 基因的分离比 m 和杂合子频率 $\hat{H}$ 关系如表 3-17 所示。

表 3-17　雄鼠中 t 基因分离比 m 与杂合子频率 H 的关系

m	0.80	0.85	0.90	0.95	1.00
$\hat{H}$	0.50	0.579	0.666	0.770	1.00

这说明野生小鼠群体保持 t 基因的高频率还有其他的原因。

遗传学家关注 T 基因座上这种异常分离现象已有 30 多年。20 世纪 80 年代中期至 90 年代中期研究发现，T-t-t 基因复合体位于小鼠第 17 号染色体中心位置附近，t 基因和导致尾的形态变异、致死、不育等后果的其他各种基因共同造成杂合子分离异常的主要机制，是由于在这段基因复合体中有 3 个或更多的扭变基因（distorter gene）（Tcd-1、Tcd-2、Tcd-3……）以及和扭变基因相反应的应答基因（responder gene）（Tcr）存在，这种组合关系使 t 基因在分离过程中单独得到活性保护，从而使分离比从 0.5 以下提高到接近于 1 的水平。目前，这种基因复合体被称作 t-单型（t-haplotype）。

这就是致死淘汰和杂合子异常分离共同维持 t 基因频率的情况。

4. 自然淘汰与人工淘汰

野生动物被改造为家畜的过程，称为驯化（domestication）。从遗传学的角度来看，驯化就是将动物的生殖置于人类的管理之下，以人工选择压逐渐取代自然选择压的过程，然而即便是如今，家畜群体仍然承受着自然和人为两个方面的淘汰压力的作用，两种压力的方向通常是相反的。家畜群体的现状是两种压力相平衡的结果。

例 3-23　山羊中的间性（incersex）。

人们很早就知道莎能（Saanen）、吐根堡（Toggenburg）等乳用山羊群体中常常出现间性羊。日本在 20 世纪 50 年代调查 4629 山羊中发现 201 只间性个体，检出率为 4.43%。美国 Beltsville 试验场的莎能山羊群，间性羊出生率达 11%。1949—1977 年西北农林科技大学的研究人员在 1660 只出生羔羊中检出间性羊 88 只，占 5.3%。

间性是常染色体隐性性状，只在染色体为雌性的个体中发生（公羊中不受影响）。间性羊无生殖力，所以间性山羊没有向下一代传递基因能力，如果没有其他因素反作用，

间性基因本身应该由自然淘汰迅速衰减，为何仍然保持着如此高的频率？

Nozawa K 分析过其原因：

在日系莎能山羊中间性羊出生率为 4.34%（间性只在雌性性别中发生，另有 4.34%公羔为间性基因纯合子），其间性基因频率为 0.2946（计算方法：间性羊在群体中总频率为 8.68%，间性是常染色体隐性性状，所以间性基因频率为 $\sqrt{8.68\%} = 0.2946$）。研究人员注意到，所有的成年间性羊都是无角羊。而山羊角的有无是由另一对常染色体基因控制的，无角基因 P 对有角基因 p 是完全显性。经研究知道，在大多数群体，间性基因与无角基因之间存在紧密连锁。无角山羊相对易管理，特别是有角种公羊往往对饲养员造成危害的事实，使无角羊在人为淘汰过程中处于有利地位。Nozawa K 假定无角基因和间性基因连锁是完全的。

设：P 决定无角（显性），导致间性（隐性），而后一种作用只在雌性性别中发生；p 决定有角（隐性），决定正常性别（显性）；q 代表基因 P 的频率；X 代表间性羔羊的出生率（因为只有纯合雌性性别才可能出现间性，所以 $X = \dfrac{q^2}{2}$，$q = \sqrt{2x}$）；W 代表有角公羊对无角公羊的相对留子（种）率（亦即适应度，$0<W<1$）。那么，一代间间性出生率的变化量为

$$\Delta X = [q^3(1-q) + q^2(1-q)^2] / 2(1-q^2)[1-(1-q)^2(1-W)] - \frac{q^2}{2}$$

令 $\Delta X=0$，得

$$W = 1 - q/(1+q)(1-q)^2 = 1 - \frac{q}{(1-q^2)(1-q)} = 1 - \frac{\sqrt{2x}}{(1-2x)(1-\sqrt{2x})}$$

$$W = 1 - \frac{\sqrt{2x}}{(1-2x)(1-\sqrt{2x})} \tag{3.39}$$

按此位点，在间性羔羊出生率为 0.0434 的群体，有角羊在人为淘汰中的适应度为 0.5427，换言之，无角个体平均有 1/W=1.84 倍的（人为淘汰）优势。这就是间性基因在群体中保持较高频率的机制。

例 3-24　如果山羊间性基因与无角基因在西农莎能山羊群体是完全连锁（一因二效），1949—1977 年 28 年间，间性羊羔羊出生率在 5.3%上下浮动，而且间性与其他经济性状无关，请分析无角性状在这一期间人工选择中得到的适应度优势。

解：

① 方法一。

间性羔羊出生率 0.053，则有角羊在人工选择中的适应度为

$$W = 1 - \frac{\sqrt{2x}}{(1-2x)(1-\sqrt{2x})} = 1 - \frac{\sqrt{2 \times 0.053}}{(1-2 \times 0.053)(1-\sqrt{2 \times 0.053})} \approx 0.460$$

无角羊在这一期间人工选择中的适应度优势为

$$\frac{1}{W} - 1 = \frac{1}{0.460} - 1 = 2.174 - 1 = 1.174$$

② 方法二。

间羊羔羊的出生率 $X=0.053$，则间性基因的频率为

$$q = \sqrt{2x} = \sqrt{2 \times 0.053} = 0.326$$

在人工选择中有角羊的适应度（即优势）为

$$W = 1 - \frac{0.326}{(1+0.326)(1-0.326)^2} \approx 0.460$$

在人工选择中，无角羊的适应度优势为

$$\frac{1}{W} - 1 = \frac{1}{0.460} - 1 = 1.174$$

第四章 基因频率的随机变化

从群体遗传学的角度,可把种群发生遗传演变的各种因素归纳为系统过程(systematic process)和分散过程(dispersive process)。前者指导致群体的基因频率向特定方向发生变化的过程,其起因包括突变、选择和迁移三个因素。分散过程是指导致群体基因频率发生无方向性变化的过程。这一过程由基因频率在世代交替过程中的随机抽样误差,即遗传漂变所造成。从保种的角度来说,分散过程是指能预见基因频率变化数量,而不能确知其变化方向的过程。导致这一过程的力量(dispersive pressure),称为分散压力。本章讨论分散过程——基因频率的随机变化。

一、遗传漂变的度量和性质

(一)遗传漂变

1. 概念

遗传漂变(genetic drift)是指在有限群体的世代交替过程中,基因频率由于随机误差而发生的变迁,也就是由于"碰巧"(偶然)而使基因频率实际值与理论应用值不相一致的现象。

例 4-1 $Dd×Dd$ 的亲代,基因频率 $p=0.5$,$q=0.5$;假设公母各只有一头(极端群体),子代的基因频率 $p=0.5$,$q=0.5$,子代的理论组合:

$$\frac{1}{4}DD \qquad \frac{1}{4}Dd$$

$$\frac{1}{4}Dd \qquad \frac{1}{4}dd$$

如果子代只有一公一母两个个体,其可能的基因型组合、组合频率,以及基因频率如表 4-1 所示。

表 4-1　子代组合及相关基因频率

基因型组合	基因频率 p	理论应用频率 q
(1) DD 和 DD:$\left(\frac{1}{4}×\frac{1}{4}\right)$	1	0
(2) DD 和 Dd:$\left(2×\frac{1}{2}×\frac{1}{4}\right)$	0.75	0.25
(3) Dd 和 Dd:$\left(\frac{1}{2}×\frac{1}{2}\right)$	0.50	0.50
(4) DD 和 dd:$\left(2×\frac{1}{4}×\frac{1}{4}\right)$	0.50	0.50
(5) Dd 和 dd:$\left(2×\frac{1}{4}×\frac{1}{4}\right)$	0.25	0.75
(6) dd 和 dd:$\left(\frac{1}{4}×\frac{1}{4}\right)$	1	0

注:"2"是考虑正反交;"$\frac{1}{2}$"指 Dd 占的比例;"$\frac{1}{4}$"指 DD 占的比例。

只有（3）和（4）两种情况时，子代基因频率与理论上应用频率数值一致。这两种情况出现的概率总共只有 $\frac{1}{4}+\frac{1}{8}$=0.375，其他 0.625 可能性出现基因频率与理论频率不一致，这种差别现象即遗传漂变。当然本例中采用的是一公一母的极端情况，若群体变大，则遗传漂变依然存在，只是程度不同而已（这也是 Hardy-Weinberg 平衡存在的前提——无限大的随机交配的群体）。

2. 度量参数

在以亲代群体作为总体，以子代各种可能的遗传组合为样本的情况下，样本间的基因频率的方差是度量遗传漂变的基本参数。其一般公式是

$$\sigma_q^2 = \frac{q(1-q)}{2Ne} \tag{4.1}$$

式中，q 为某个特定等位基因的频率；$1-q$ 为有其他等位基因的累计频率；Ne 为群体有效规模（该公式也可以处理复等位基因情况）。

3. 遗传漂变的特性

（1）在特定繁殖结构的前提下，群体规模越小，漂变越快。

（2）以 0.5 的基因频率值为中心，两侧对应的基因频率值决定的遗传漂变水平相当。当基因频率在 0.5 时，遗传漂变水平最高，基因频率越趋近极端值（0 或 1），漂变速度越小。

（3）漂变的结局：等位基因之一固定，其他等位基因消失。

4. 出现定值改变的概率

（1）下一代基因频率转变为定值的概率。如果在一个规模为 N 的小群体中特定基因的频率为 q。那么这个基因在群体中的个数为 $i=2Nq$。在漂变的作用下，下一代该基因在群体中的个数就有 $2N+1$ 种可能：0，1，2，$\cdots$，j，$\cdots$，$2N$。个数为 0 时，意味着流失，为 $2N$ 时意味着固定。每种可能情况的概率值，可以用二项式 $[(1-q)+q]^{2N}$ 的展开式来求出。特定基因在下一代群体中的个数为 j 的概率，正是展开式的第 j 项：

$$Pr(j) = \binom{2N}{j}(1-q)^{2N-j}q^j \tag{4.2}$$

例 4-2 当 N=10、q= 0.5 时，由于漂变，使下一代频率转变为 0，0.2，0.4，1 以及保持（0.5）不变的概率如表 4-2 所示。

表 4-2 下一代基因频率转变为定值的概率

频率转变	j	Pr
0.5→0	0	9.536×10^{-7}
0.5→0.2	4	4.621×10^{-3}
0.5→0.4	8	0.120

续表

频率转变	j	Pr
0.5→0.5	10	0.176
0.5→1	2N	$9.536×10^{-7}$

用概率论的语言来陈述，这种在一代之间特定基因的个数由 i 转变为 j，基因频率相应由 q 转变为 q' 的情况，可称为"从状态 i 转为状态 j"，前述公式（4.2），也可称为由状态 i 到状态 j 的"转换概率"，并代以 $P_{i,j}$。

（2）下一代基因频率转变在特定范围内的概率。因为群体一代配子群可能形成 $2N+1$ 种样本，样本间的基因频率分布近似于亲代原有频率为中值的正态分布，因而，一代之间基因频率转变在特定数值范围内的概率，可由正态分布概率公式来估计。

如以 q 代表亲代基因频率，q_1 为子代基因频率，则基因频率的标准偏差为

$$\lambda = (q - q_1)/[q(1-q)/2N]^{\frac{1}{2}} \tag{4.3}$$

因而，下一代基因频率偏离亲代一定范围（升高和降低）的概率为

$$\beta = \int_0^\lambda \frac{2e^{-\frac{\lambda^2}{2}}}{\sqrt{2\pi}} d\lambda \tag{4.4}$$

下一代基因频率落在高或低于原频率（单侧）一定范围内的概率则为

$$\beta = \int_{\lambda_1}^{\lambda_2} \frac{e^{-\frac{\lambda^2}{2}}}{2\pi} d\lambda \tag{4.5}$$

例如，在 N=10、q=0.5 的群体，由于漂变，下一代基因频率偏离±0.1 和±0.3 以内（即分别在 0.4～0.6 和 0.2～0.8 范围内）的概率分别是 0.628 1 和 0.992 6，下一代基因频率落在 0.2～0.4、0.2～0.5 范围内的概率分别为 0.182 3 和 0.496 3。

5. 漂变的总体影响

个体数为 N 的群体，常染色体基因一代之间的漂变有 $2N+1$ 种可能的结果，除非流失或固定，下一代将以第一代漂变的结果为起点继续漂变，与第一代的区别仅仅是公式（4.2）中的 q 值。也就是说，第二代的漂变，本质上是以第一代漂变造成的基因频率为均值的另一次随机抽样，而与以前的基因频率无关。以后各代的情况也类似于此。这种现象在统计学上称为"马尔柯夫（Markov）过程"或"无后效过程"。所谓"马尔柯夫过程"是俄国人 Л. Л. Марковъ 首先论证的一种随机过程，其特点是"当现在的情况已经确定时，以后的一切统计特性就跟过去的情况无关"。连续漂变的总结果，可据以预计。

设：N 为群体规模；$P_{i,j}$ 是由于漂变，群体中特定基因的个数从 i 转变为 j 的概率，亦即由状态 i 到 j 的转换概率，i=0，1，2，…，2N，j=0，1，2，…，2N；t 为世代；$f_t(q)$ 是第 t 代基因频率为 q 的概率，当然，$q=i/2N$，或 $q=j/2N$。

那么，当 N 为定值时，任何确定的 i 和 j 之间的转换概率就是定值。例如，当 N=2 时，

$$P_{0,0} = \begin{pmatrix} 4 \\ 0 \end{pmatrix}(0)^0(1)^4 = 1$$

$$P_{0,1} = \begin{pmatrix} 4 \\ 1 \end{pmatrix}(0)^1(1)^3 = 0$$

$$P_{0,2} = \begin{pmatrix} 4 \\ 2 \end{pmatrix}(0)^2(1)^2 = 0$$

$$P_{0,3} = \begin{pmatrix} 4 \\ 3 \end{pmatrix}(0)^3(1) = 0$$

$$P_{0,4} = \begin{pmatrix} 4 \\ 4 \end{pmatrix}(0)^4(1)^0 = 0$$

$$P_{1,0} = \begin{pmatrix} 4 \\ 0 \end{pmatrix}0.25 \times 0.75^4 = 0.3164$$

$$P_{1,3} = \begin{pmatrix} 4 \\ 3 \end{pmatrix}0.25^3 \times 0.75 = 0.0469$$

$$P_{2,1} = \begin{pmatrix} 4 \\ 1 \end{pmatrix}0.5 \times 0.5^3 = 0.25$$

$$P_{2,2} = \begin{pmatrix} 4 \\ 2 \end{pmatrix}0.5^2 \times 0.5^2 = 0.375$$

$$P_{3,2} = \begin{pmatrix} 4 \\ 2 \end{pmatrix}0.75^2 \times 0.25^2 = 0.2109$$

$$P_{4,3} = \begin{pmatrix} 4 \\ 3 \end{pmatrix}(1)^0(0)^4 = 0$$

$$P_{4,4} = \begin{pmatrix} 4 \\ 4 \end{pmatrix}(1)^4(0)^0 = 1$$

因此，在 N 已确定时，可以用各种状态（以群体包括含特定基因的个数 i 标志）之间的转换概率值为元素建立一个矩阵 P：

$$P = \begin{bmatrix} P_{0,0} & P_{1,0} & \cdots & P_{i,0} & \cdots & P_{2N,0} \\ P_{0,1} & P_{1,1} & \cdots & P_{i,1} & \cdots & P_{2N,1} \\ \vdots & \vdots & \vdots & \vdots & \vdots & \vdots \\ P_{0,j} & P_{1,j} & \cdots & P_{i,j} & \cdots & P_{2N,j} \\ \vdots & \vdots & \vdots & \vdots & \vdots & \vdots \\ P_{0,2N} & P_{1,2N} & \cdots & P_{2,2N} & \cdots & P_{2N,2N} \end{bmatrix}$$

其次，如前所述，N 为定值时，作为各世代漂变起点的基因频率值 $i/2N$ 有 $2N+1$ 种可能的情况。例如当 $N=2$ 时，5 种可能的情况是 $q=0$，0.25，0.50，0.75，1。在各世代，各种情况的可能性亦即出现概率 $f_t(q)$ 并不相等。以此 $2N+1$ 个概率值可构成一个列向量：

$$f_t = \left[f_t(0), f_t\left(\frac{1}{2N}\right), f_t\left(\frac{2}{2N}\right), \cdots, f_t\left(\frac{i}{2N}\right), \cdots, f_t\left(\frac{2N}{2N}\right) \right]^{\mathrm{T}}$$

显然，作为相邻两代特定基因频率间转换可能性参数的矩阵 P 与作为遗传漂变起点的列向量 f_t 之乘积，就是下一代基因频率各种可能数值的概率 f_{t+1}，即

$$f_{t+1} = P \cdot f_t \tag{4.6}$$

例 4-3　在前述 $N=2$ 的群体，如果已确定 $q=0.25$，下一代各种可能的基因频率值如何？

解：确定 $q=0.25$，也就是 $f_t\left(\frac{1}{2N}\right)=1, f_t(0)=f_t\left(\frac{2}{2N}\right)=f_t\left(\frac{3}{2N}\right)=f_t\left(\frac{4}{2N}\right)=0$；这是列向量 f_t 的各元素。

而转换概率矩阵随 N 的确定为已知，即

$$P = \begin{bmatrix} 1 & 0.3164 & 0.0625 & 0.0039 & 0 \\ 0 & 0.4219 & 0.2500 & 0.0469 & 0 \\ 0 & 0.2109 & 0.3750 & 0.2109 & 0 \\ 0 & 0.0469 & 0.2500 & 0.4219 & 0 \\ 0 & 0.0039 & 0.0625 & 0.3164 & 1 \end{bmatrix}$$

则

$$f_{t+1} = P \cdot f_t = \begin{bmatrix} 0.3164 \\ 0.4219 \\ 0.2109 \\ 0.0469 \\ 0.0036 \end{bmatrix} \begin{matrix} （消失） \\ （维持） \\ （升到0.5） \\ （升到0.75） \\ （固定） \end{matrix}$$

倘若要在第 t 代预计 $t+2$ 代的情况，对 $t+1$ 代的基因频率就只能以各种可能的数值之概率为据，而没有确定值。用公式（4.7）和（4.8）中的任何一个都可求出任意一代各种可能的基因频率值之概率。

$$f_t = P \cdot f_{t-1} \tag{4.7}$$

$$f_t = P^t f_0 \tag{4.8}$$

6. 小结：关于遗传漂变性质的归纳

综上所述，遗传漂变具有以下特性：①无方向。②无后效。③群体越小，其值越大。④基因频率居中（0.5）时，其值最大；基因频率越趋近极端值，其值越小。

（二）群体有效规模

1. 概念

就决定近交增量 ΔF 的效果而言，群体有效规模（effective size of population）是指群体实际规模所相当的"理想群体"的规模。而"理想群体"是指规模恒定，雌雄各半（或

雌雄同体），没有淘汰、迁移和突变，也没有世代交错的随机交配群体。

"理想群体"是度量 ΔF 的"尺子"。两个群体实际规模相同并不意味着群体有效规模一定相同。

2. 影响群体有效规模的因素

影响因素：①群体的实际规模；②交配的随机化程度；③各种基因型（淘汰）选择系数的均等程度，亦即适应度；④实际性别比例。

（三）近交增量（近交率）

近交增量（rate of inbreeding）指群体成员近交系数一代间上升的平均值。而近交系数（inbreeding coefficient）是指个体由于其双亲在可追溯的世代中的亲缘关系而导致的基因纯合化的概率。

（四）有限群体遗传变异消失的速度

在封闭性的有限群体，如果没有导致基因频率定向变化的压力，随着世代的进展，原来处于杂合态的座位也会逐渐由一个等位基因固定、其他等位基因随机消失，变为最后群体中所有个体所有座位上都成为相同的纯合状态。也就是群体遗传变异逐渐消失。遗传变异消失的速度，决定于群体规模。1931 年 Wright 证明，在标准条件（随机交配，配子完全随机结合，群体规模不变）下，每代遗传变异消失的速度为

$$K = \frac{1}{2N} \tag{4.9}$$

式中，N 代表群体规模（实质上就是总体有效规模）。

1955 年木村资生用比 Wright 简单得多的方法重新对公式（4.9）作了证明，介绍如下。

设：群体规模为 N；群体中一对等位基因的频率分别为 q 和（$1-q$）[杂合子频率为 $2q(1-q)$]；一代间由于随机漂变（随机交配决定的配子随机结合，合子随机生存）决定的基因频率变化量为 δq。

则下一代群体中杂合子频率的期望值为 $E[2(q+\delta q)(1-q-\delta q)]$。

因为 δq 为随机变化量，所以其期望值为 $E(\delta q)=0$。

又因为基因频率随机变化量的平方也就是群体内基因频率的抽样方差，而基因频率（q 和 $1-q$）的分布属于二项分布，因此其方差为

$$\sigma_{\delta q}^2 = \frac{q(1-q)}{2N} \qquad \text{（二项分布方差的一般公式）}$$

所以

$$E(\delta q)^2 = \sigma_{\delta q}^2 = \frac{q(1-q)}{2N}$$

故有

$$E\left[2(q+\delta q)(1-q-\delta q)\right]$$
$$=E\left[2q(1-q)-2q\delta q+2\delta q-2q\delta q-2\delta q\delta q\right]$$
$$=2q(1-q)-2E(\delta q^2)$$
$$=2q(1-q)-\frac{2q(1-q)}{2N}$$
$$=(1-\frac{1}{2N})2q(1-q)$$

则

$$K=\frac{上一代杂合子频率-下一代杂合子频率}{上一代杂合子频率}$$

$$=\frac{2q(1-q)-\left(1-\frac{1}{2N}\right)2q(1-q)}{2q(1-q)}$$

$$=1-\left(1-\frac{1}{2N}\right)=\frac{1}{2N}$$

所以　　　　　　　　　　　　　　$$K=\frac{1}{2N}$$

二、始祖效应和瓶颈效应

（一）含义

（1）始祖效应（founder effect）。当来自较大群体的一个小样本在特定环境中成为一个新的封闭群体，其基因库仅包含亲本群体的遗传变异的一小部分，并在新环境中承受新的进化压力的作用，因而最终可能与亲本群分化。这种过程中体现的一般规律称为始祖原理（founder principle）。在这种由较大群体的一个小样本作为创始者形成新种群的过程中，遗传漂变所产生的作用称为始祖效应。

（2）瓶颈效应（bottleneck effect）。当大群体经历一个规模缩小阶段之后，其在漂变中改变了的基因库（通常是变异性减少）又重新扩大时，基因频率发生的变化称为瓶颈效应。

从理论上说，产生始祖效应和瓶颈效应有类似的过程，在从大群体中抽出一个很小的样本时，遗传漂变的巨大压力导致基因频率发生重大变化；小群体扩大，形成不同于亲本群的新种群。

（二）始祖效应和瓶颈效应对家畜种群的影响

始祖效应和瓶颈效应是遗传漂变影响种群遗传演变的极端情况。在自然环境下，一般而言，漂变对群体基因频率变化的影响很小，因而不是构成进化的主要因素。有学者定量地比较过突变、迁移、选择与漂变对基因频率变化的影响：在标准条件下，如以 N 为群体规模，X 为突变率或迁移率或选择系数，只有 $4NX\leqslant1$ 时，这种变化才主要由漂变决定。当子代规模锐减亦即从亲代群体的抽样率极低，以至出现始祖效应或瓶颈效应时，漂变也可能成为进化过程的关键环节。

然而，对于动物在家养条件下的进化，漂变的作用非同一般。

在通常情况下，家畜基因库由于规模有限经常受到漂变的作用。相对于自然环境中的生物进化，始祖效应和瓶颈效应对于家畜种群的遗传演变过程有更经常和显著的影响：

（1）在动物家养的初期，人类是从来自野生原种的一个极小部分开始驯化和早期选种的。相对于野生原种的规模而言，偶然落入人类拘禁环境的动物群体，显然是微不足道的样本。除了当时人类关心的特征之外，驯化初期畜群基因库形成于以极低的比例对野生原种基因库的随机抽样之中。因此，其遗传变异内容，除了当时人们关心的个别性状倾向人类利益之外，比后者贫乏。地方品种的形成，用地方品种为基础创造育成品种以及品系的建立过程，都存在类似情况。

（2）引种历来是畜牧业中一项很普通的活动。以引种为契机的群体分化，是形成地方品种的一个重要原因。晋南牛、早胜牛与秦川牛的分化可能发端于始祖效应；英系、苏系 Large White 猪的分化也属此例。

（3）社会原因导致的家畜种群规模锐减和恢复远比生物种群规模的自然波动幅度大得多，也更迅速和多见。濒危品种的恢复是其中最典型的现象。麋鹿、北京狮子犬国内群体的恢复都可视为这一类事例。

因此，始祖效应和瓶颈效应对于家畜遗传资源系统分类、保护和开发的研究是不可忽视的因素。

目前我国境内还有与家畜种并存的若干个野生原种，其中有的仍然保持与家养种之间的基因交流。这些幸存至今的原种的群体规模有限，而且往往被分隔为地理上不连续的小群体。从遗传漂变的角度来看，其并不是家畜起源所从中抽样的母体群，而是从母体群经历了多次瓶颈效应而衍生的群体。就经济性状而言，它们与家畜群体的差异一般可视为原始种群与后裔群之间的差异，但对人工选择所未及的基因位点，它们基本上是平行于家畜群体的样本，可以同后者一并作为估计原始种群固有的遗传多态性的依据。

由于始祖效应，起源相近的种群可能在部分基因位点出现较大分化。因此，在根据少数位点的遗传检测进行品种分类时，不能排除偶然的结果，也就是说，出现有违历史事实和畜牧学常识的个别数据是正常现象。否定数据本身的客观性或者据以否定客观历史事实都没有必要。涉及种群起源系统的基因频率分布规律，只能体现于对具有偶然性的样本的广泛观察，而不能凭掩盖个别事例来确认；更何况迄今多数畜种的品种检测报告有限，任何既知的少数事例都不能成为揭示客观规律的先验。

如第一章所述，目前许多家畜品种正在急速衰减；如果将来还有可能恢复，可以说，目前已进入"瓶颈时期（bottleneck stage）"。八眉猪、岔口驿马、浦东鸡的现状即属此例。也有一些品种在原产地大幅度消减之后，一些极小的群体正在成为引种区域的始祖群，如成都麻羊、同羊。这些品种，有的有必要也有可能保存固有的遗传多样性，有的需要保持、发展固有的品种特性。无论哪一种情况，目前的遗传漂变都可能对以后的种性产生深刻影响；对品种资源的保护，当前是敏感时期。

第五章　基因频率分布与进化过程

导致基因频率定向变化的三个因素——突变、迁移和淘汰以及决定基因频率随机漂变的群体有效规模，是决定群体基因频率变化，也就是决定进化的方向和速度的基本因素。当这些因素确定时，预测群体基因频率的变化就是可能的。但是，所谓遗传现象是以以下两件不确定事项为基础的：

（1）生殖细胞形成（减数分裂）时亲位基因的分离、非等位基因的重组；

（2）受精卵形成时基因的结合。

所以当突变、迁移、淘汰压力的方向和大小以及群体有效规模成为已知条件时，这些也只是可以作为概率事件来预测基因频率的变化。

一、基因频率的分布函数

群体遗传学的数学理论通常把基因频率作为（自）变数来进行有关的分析；有时在一定的条件下，论述群体现在的状态、预测未来的变化之际，也把基因频率实现的概率作为函数来表现。所有基因频率分布函数（distribution function of gene frequencies），是以突变率（u）、回原率（v）、迁移率（m）、适应度（w）以及群体有效规模（N）为参数的基因频率（$0<q<1$）的分布 $\varphi(q)$。基因频率分布函数的生物学含义有以下三个方面：

（1）在群体中基因以何种频率存在，亦即在特定群体中特定基因的频率如何；

（2）当某个基因存在于多个群体时，该基因达到特定频率值的群体的频率如何；

（3）特定基因在一个群体中存在时，经历若干世代之后，可期待它达到何种频率的概率如何。

最早阐述上述问题的学者是 Wright，后来李景均（1955）对这些问题作了更精辟的分析，介绍如下。

基因频率分布数，是以在给定的条件下的平均状态来表示的分布函数，也是一种静止分布（stationary distribution）。也就是说，分布的现象每代不变。从数学的角度来说，每世代围绕平均数的所有情况维持不变。

群体的基因频率同时承受两种变化，即有方向的变化（Δq）和随机性的无方向的变化（δq）。前一种变化，是向着分布的平均值（$\hat{q}$），亦即平衡值靠拢；后一种变化是围绕平衡点随机漂移。所以分别以 $f(g)$ 和 $g(\delta q)$ 来描述 q 和 δq 的变化时，存在以下关系（表 5-1）。

表 5-1　群体的基因频率在有方向变化和随机变化下的关系

项目	基因频率	频率的随机漂变
数值范围	$0<q<1$	$-q<\delta q<1-q$
频　率	$f(g)$	$q(\delta q)$
频率合计	$\sum f(g)=1$	$\sum g(\delta q)=1$
平均值	$\sum q \cdot f(q)=\bar{q}$	$\sum \delta q \cdot g(\delta q)=0$

续表

项目	基因频率	频率的随机漂变
方　差	$\sum (q-\bar{q}) \cdot f(q) = \sigma_q^2$	$\sum (\sigma q)^2 \cdot g(\delta q) = \sigma_{\delta q}^2$
乘积和	$\sum\sum (q-\bar{q})(\delta q) \cdot f(q)g(\delta q) = 0$	
	$\sum\sum (\Delta q)(\delta q) \cdot f(q)g(\delta q) = 0$	

注：① "频率的随机漂变"栏第 1 行的数值范围，之所以为 $-q$ 至 $1-q$，是因为其减少的限度是该基因消失，其增加的比度是该基因固定（频率上升为 1，即其他基因消失）。

② "频率的随机漂变"栏第 4 行的平均值为 0，这是因为因漂变而增加和减少的机会是均等的，其值相互抵消，平均为 0。

③ 最后一项"乘积和"之所以为 0，也是因为 δq 是随机变动值，与 Δq 即（$q-\bar{q}$）无关。

设：某世代基因频率为 q，围绕基因频率均值有 n 种情况：$\sum (q-\bar{q})^n \cdot f(q)$，下一世代的基因频率为 $q+\Delta q+\delta q$，下一代平均数周围所有 n 种情况下不改变，故有

$$\sum_q \sum_{\delta q} [(q-\bar{q}) + (\Delta q + \delta q)]^n f(q)g(\delta q) = \sum_q (q-\bar{q}) \cdot f(q)$$

将左边展开，并将 $(\Delta q)^2$、$(\delta q)^3$、$(\Delta q)(\delta q)^2$ 和更高次的积忽略不计，整理方程，得

$$\sum_q [(q-\bar{q})^{n-1} \Delta q f(q)] + \frac{n-1}{2} \sum_q [(q-\bar{q})^{n-2} \sigma_{\delta q}^2 f(q)] = 0$$

其中 q 的数值在 0 和 1 之间，以 $1/2N$ 为间隔的间断的数值，当 N 大到一定程度时，可以把 q 视为连续变数，以求其积分来取代求和，也就是以 $\varphi(q)\mathrm{d}q$ 来取代 $f(q)$。

$$\int_0^1 (q-\bar{q})^{n-1} \Delta q \varphi(q)\mathrm{d}q + \frac{n-1}{2} \int_0^1 (q-\bar{q})^{n-2} \sigma_{\delta q}^2 \varphi(\mathrm{d}q) = 0$$

李景均解此方程的结果是

$$\varphi(q) = \frac{c}{\sigma_{\delta q}^2} \mathrm{e}^{2\int \frac{\Delta q}{\sigma_{\delta q}^2}\mathrm{d}q} \tag{5.1}$$

其中，c 是常数，它满足 $\int_0^1 \varphi(\mathrm{d}q)\mathrm{d}q = 1$，将 $\sigma_{\delta q}^2 = \dfrac{q(1-q)}{2N}$ 代入式（5.1）得

$$\varphi(q) = \frac{c}{q(1-q)} \mathrm{e}^{4N\int \frac{\Delta q}{2(1-q)}\mathrm{d}q} \tag{5.2}$$

将 Δq 公式（3.37）代入式（5.2）得

$$\varphi(q) = c(\bar{w})^{2N} q^{4N(v+mq_m)-1}(1-q)^{4N\{u+m(1-q_m)\}-1} \tag{5.3}$$

式中，$\bar{w}$ 为群体（各种基因型）的平均适应度；N 为群体（个数）规模；v 为回原率；u 为突变率；m 为迁移率；q_m 为迁入群中的基因频率；q 为因突变而减少的基因的频率；c 为常数项；$\varphi(q)$ 为基因频率 q 的分布函数。

二、适应进化

（一）Wright 的"适应峰"学说

1. 遗传变异的多样性

Wright 曾经很粗略地说明过生物种中保持非常巨大的遗传变异多样性，以致几乎有无穷

多个可能的基因型。他当时认为，每个动物种能够承受自然淘汰的基因座至少在 1000 个以上，如果每个座上存在 10 种等位基因，那么在随机交配的条件下，可能的基因型至少有 10^{1000} 种。

这样庞大的数目，超过了所有高等动物现存的个体数，因此，肯定不是所有的基因型都已经或者可能被物种（或群体）所利用。难免有些基因型不仅现今没有，而且在极漫长的世代演替过程中也难得实现一次。Wright 逐步假定，各个基因座都有一种标准的等位基因，即野生型基因，占了 0.95 的频率，其余 0.05 的频率由突变基因占据。那么，群体内每个个体平均拥有的多态座位数（亦即携带突变基因的座位数）为

$$\bar{x} = 1000 \times 0.05$$

每个个体拥有多态座位数的标准差则为

$$\sigma_x = \sqrt{1000 \times 0.95 \times 0.05} \approx 7$$

$\bar{x} \pm 3\sigma_x = 29 \sim 71$，因而包含 29 个至 71 个多态座位的个体的数目应占到群体的 99% 以上。即便如此，可能提供的基因型之多，可遗传变异之丰富，也是一个非常庞大的数值。

2. 平衡推移说

进化是指群体的基因频率随时间的推移而变化的现象。进化的构成涉及突变、迁移、淘汰（导致基因频率定向变化）和群体有效规模 4 个基本因素。

从宏观上来看：①突变与迁移为进化准备作为素材的可遗传变异；②迁移和群体有效规模共同决定群体的繁殖结构，规定自然淘汰产生作用的背景条件；③只有自然淘汰才是改变基因成分和内容，决定进化方向和速度的因素。

Wright 曾经对适应进化作出如下定义：在自然淘汰的主导下，群体基因频率的平均值随时间的推移而移动的过程，这个论断后来被称为"平衡推移学说"（shifting balance theory）。

3. 生物与环境相互关系的象征面

（1）生物可遗传变异的不连续性（discontinuity）是生物分类的基础。与可遗传变异的多样性相并存的一个重要事实，是从全部性状的总和上来看，可遗传变异是不连续的。

从个体来看，我们看不到把所有个体包含起来的连续分布，不能在任意两个个体之间都找到许多相连续的中间型个体；从群体来看，我们在群体之间并不能发现连续的分布，而是发现彼此分离的、独立的分布。Wright 和杜布赞斯基（Dobzhansky）认为："生物世界并不是一个单一的行列，而是一个含有或多或少明显地分离的多个小行列之行列；而且在小行列之间没有或至少罕有中间类型"。各层次的行列是具有若干共同特征的个体的集合体，一些小的集合体聚集起来形成稍大的次级集合体，较大的次级集合体又以更基本的共同特征聚合为更大的聚合体。如此形成一个自然阶梯系统（hierarchical order）。这种系统也就是族（品种）、物种、属、科等构成的分类阶元。生物可遗传变异的不连续性是生物分类学说的基础。

（2）"适应峰"（adaptive peaks）及有关概念。遗传变异的多样性和不连续性的原因之一是生物对环境的适应。Wright 把每个生物个体视为器官和性状的一定组合，同时也是决定这些器官和性状的基因的一定组合。在群体实际存在的基因组合（即基因型）数目，只

是可能的基因组合数目中一个微不足道的比例。
他将可能的组合，按它们对现有环境的适应度进
行分级。其中有些组合可能在任何环境中都不适
于生存，因而一旦实现就很快淘汰，这一类基因
组合可能占了可实现的基因型的大多数。有些组
合可能在某些生态环境中有相当的适应度，因而
在该环境中得以生存。怀特将可能实现的全部各
种基因型视作一个总体，称为"基因组合场"，以
"地形图"来描述各种基因型的适应度，图中的等
高线象征基因型的适应度（图 5-1）。他把促使个
体在特定生态条件下获得高度适应度的基因型的

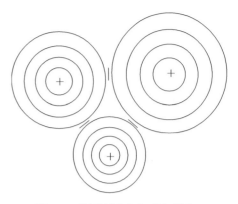

图 5-1　基因型适应度"地形图"

类群，称为"适应峰"（在"地形图"中用"+"号表示），将不利的基因型以类间的低谷
来表示，称为"适应谷"（adaptive valleys），图中标以"–"号。

基本定义：

① 基因组合场是生物自然阶梯系统中的种群集合体（群体、科、种、属等）中全部
基因组合、基因型种类的适应度的总称。

② 生态龛是由各种物理、化学、生物学因素决定的特定生态环境。

③ 适应峰是在特定生态龛中具有高度适应性（极高适应度）的基因型类群。

④ 适应谷是在任何生态龛中都不宜生存的基因型类群。

适应峰和适应谷都不限于已实现的基因型。适应谷可能是空缺的，在一定生态龛中
适应峰也可能是空缺的。生态龛是繁多而非连续的，例如，有的昆虫吃橡叶，有的昆虫
吃松针，如果有一种昆虫只适应吃介于橡叶和松针之间的植物，它就不能生存。因为不
存在这种植物，没有这种中间龛。每一个发展中的群体或物种，可以认为是占据了基因
组合场中的一个高峰。

（二）适应进化论的基本主张

（1）现有的生物是从以前存在的不同生物遗传下来的；

（2）进化性的演变是渐进的，因此如果把从前曾经生存在地球上的生物聚集起来，
就可能展示出有相当程度衔接性的序列；

（3）进化演变是多向性和有分歧的，所以现存的生物其祖先的差异总的来说比现存
类型间的差异少。

（4）引起所有这些变化的原因现在仍然存在，所以进化演变可以用实验方法来进行
研究。

（三）适应进化的可能方式

1. 对环境改变的反应

环境的改变导致基因型适应度的变化，可能使一些适应峰削平，一些适应谷隆起为

峰。在这种情况下，如果群体中不存在缔造新的具有高度适应度的基因型的遗传因素（突变或迁移），或者没有及时形成这种基因型，群体（或物种）就会灭亡。如果满足上述这两个条件，群体就会进入重建基因库（gene pool）、形成新适应峰的演变过程。

2. 恒定环境中的前进性变化

群体在所占据的适应峰上获得了达到新的、未经占据的更高峰的机遇。这主要来自基因重组。这种方式的存在很容易从以下事实得到理解。

（1）实现的基因组合只是可能实现的基因组合的极小部分；这就包含了未经占据的更高适应峰存在的可能性。

（2）现存的生物并不是所有可能产生的生物中的最优秀者。在环境中，存在未经占据的生态龛，也存在与占据者并不十分相投的生态龛。证据之一是从外域引进的动物种群有可能迅速散布，以致排挤原有的种群：引入澳大利亚的兔子排挤有袋类；引入美洲大陆的家马野化为美洲矮马并迅速繁殖。

杜布赞斯基曾说："在中生代才出生的哺乳动物，没什么理由不能在古生代的地球环境中生存，只不过没有机会罢了。"

（四）适应进化的具体演变情况

杜布赞斯基列举了适应进化的几种具体过程：

1. 突变率增大，淘汰压不高

在群体各种基因型承受的淘汰压都不高的条件下，如果由于突变率增大而扩大的变异范围包含了新的适应峰，群体的基因频率分布在淘汰压的作用下有向形成新峰的新的平衡值移动的可能性。

2. 淘汰压增大，突变率下降

由于淘汰压的逐代增加将样本的遗传变异空间压缩到适应峰，在群体平均适应度随着不利基因型、不利基因的淘汰而提高的同时，群体对于环境条件变化的适应和应变力也衰减、消失，导致了潜在的灭绝之危。

3. 环境条件

基因组合场由于环境变化导致了"地形"变化，原来拥有广阔变异范围的群体有向新峰移动的可能。在这种条件下，如果新峰多而分散，那么群体基因频率分布随机大幅度增减的可能性就很高，于是微小的环境变化也可能导致巨大的遗传性改变。

4. 群体有效规模急骤缩小

当群体有效规模由于任何原因而急骤缩小时，各个基因座（不受适应度决定的）随机固定，群体适应峰会无规则地下降，这样群体就存在衰亡的可能。

5. 群体有效规模的中度缩减

群体有效规模的明显缩小会使基因频率分布随机漂移，但不致完全固定，群体的基因频率将在适应峰周围徘徊。在这种情况下，如果出现连接其他峰的斜面，基因频率分布可能由较低的峰向较高的峰漂移。

6. 群体划分为若干分隔的地理亚群体

如果这种分隔并不完全封闭，时而有个体交换，各个亚群拥有的变异范围与适应无关，明显地持有不利基因组成的亚群因淘汰压而消亡，由于地域淘汰压的差异将导致亚群体间的分化。如果亚群数目较多，就有可能发生类似于第 5 种情况所说的漂变，以致居于适应峰斜坡位置的亚群体登上适应峰（基因频率、基因型频率发生变化）。由于亚群间的生存竞争（淘汰），有可能使成功的亚群向周围亚群扩散个体，导致全群适应度的变化。

三、分子进化

20 世纪 60 年代以来，淀粉、琼脂、PAGE 电泳技术的开发和普及，已经使许多种蛋白质和酶可以观察。基因亦即 DNA 的直接产物——蛋白质的氨基酸的组成变异中，以电泳方法能够发现的变异，是那些改变了蛋白质荷电水平的氨基酸置换，占全部氨基酸置换的 25%～30%。随着测定蛋白质氨基酸序列的技术出现，到 20 世纪 80 与 90 年代，读解（测定）由亲代的生殖细胞传递到子代的遗传密码，也就是 DNA 碱基排列的技术的形成，向人们揭示了由亲代传递到子代、决定遗传现象的唯一物质（基因的本质）。现代遗传学因而正在由阐明生物性状的遗传规律性的科学，朝着借助于化学揭示基因本身的物质结构的科学的方向改变。

在这种动态中，产生了探讨作为物质分子的基因以及作为物质分子的蛋白质结构的进化的新思路。"分子进化中立说（the neutral theory of molecular evolution）"就是这样诞生的进化理论。以下简要地介绍这一理论的创始人木村资生的同名专著的基本观点。

促使木村提出分子进化中立学说的科学依据，来自两个方面。

（一）关于蛋白质分子进化速度的研究成果

高等脊椎动物的血红蛋白分子是由两条 α 链和两条 β 链组成的四阶体（四量体），1960 年以来，很多种动物的 Hb-α 链、β 链的序列得到核定，1969 年 Dayhoff 收集了这些研究资料。

其中 α 链由 141 个氨基酸排列而成，物种之间在相同位置的氨基酸有一些差别（经过对位排列发现），氨基酸有差别的位置在 α 链占的百分率用 p_d 表示（图 5-2）。

表 5-2　n 种高等脊椎动物 Hb-α 链氨基酸差异率（p_d）和系统分化时间（单位：100 万年）的对照

	鲨鱼	鲤	蝾螈	鸡	针鼹	袋鼠	犬	人类
鲨鱼	/	59.4	61.4	59.7	60.4	55.4	56.8	53.2
鲤	460	/	53.2	51.4	53.6	50.7	47.9	48.6

续表

	鲨鱼	鲤	蝾螈	鸡	针鼹	袋鼠	犬	人类
蝾螈	460	400	/	44.7	50.4	47.5	46.1	44.0
鸡	460	400	360	/	34.0	29.1	31.2	24.8
针鼹	460	400	360	290	/	34.8	29.8	26.2
袋鼠	460	400	360	290	220	/	23.4	19.1
犬	460	400	360	290	220	135	/	16.3
人类	460	400	360	290	220	135	85	/

注：对角线上方为氨基酸的差异率 p_d；对角线下方为系统分化时间（单位：百万年），系来自古生物学估计值。

设：物种间血红蛋白 α 链氨基酸差别百分率为 p_d；两条 α 链平均每个氨基酸位置发生的（氨基酸）置换数为 $K_{\alpha\alpha}$（置换数/位即为置换率）。

从进化的角度看，血红蛋白 α 链产生氨基酸置换属稀有事件，而进化史历时漫长，且动物数繁多，可以认为对这类事件发生与否的观察次数又非常之多，因而，置换数属卜瓦松分布（poisson distribution）。因而，在一个氨基酸位置发生 0 次、1 次、2 次、3 次……置换的概率见表 5-3。

表 5-3　氨基酸置换概率

0 次	1 次	2 次	3 次	…	x 次	…
$\mathrm{e}^{-k\alpha\alpha}$	$k_{\alpha\alpha}\mathrm{e}^{-k\alpha\alpha}$	$\dfrac{k_{\alpha\alpha}^2}{2!}\mathrm{e}^{-k\alpha\alpha}$	$\dfrac{k_{\alpha\alpha}^3}{3!}\mathrm{e}^{-k\alpha\alpha}$	…	$\dfrac{k_{\alpha\alpha}^x}{x!}\mathrm{e}^{-k\alpha\alpha}$	…

卜瓦松分布公式为

$$P_x=\mathrm{e}^{-\mu}\mu^x/x! \tag{5.4}$$

式中，μ 为其平均数；x 为变数即出现次数的变数；P_x 为出现 x 次这类事件的概率。

因而，物种间两条 α 链间发生 0 次置换或均不发生氨基酸置换的概率为 $\mathrm{e}^{-k\alpha\alpha}$，即两个物种全部氨基酸均相同的概率为 $\mathrm{e}^{-k\alpha\alpha}$。

$$\mathrm{e}^{-k\alpha\alpha} = 1 - p_d$$
$$-K_{\alpha\alpha}\log_e e = \log_e(1-p_d)$$
$$K_{\alpha\alpha} = -\log_e(1-p_d)$$

因而，如果以 T 代表物种间分化的年数，两个物种间平均每年氨基酸位置发生的氨基酸置换数则为

$$k_{\alpha\alpha} = \frac{K_{\alpha\alpha}}{\alpha T} \tag{5.5}$$

因为 $k_{\alpha\alpha}$ 是物种间从它们 α 链的共同祖先开始在它们各自两条 α 链每个座位发生置换的平均数，这个数应当是随机来自不同物种的每条氨基酸链上发生置换数的 2 倍，因此公式（5.5）中分母上有个 "2"。也就是：

$$k_{\alpha\alpha} = -\log_e(1-p_d)/(2T) \tag{5.6}$$

例 5-1　据表 5-2，人类和鲤的分化时间为 400 百万年，两个物种间 Hb-α 链氨基酸置换率为 48.6%，因此人类和鲤每年每个位置发生的氨基酸置换数为

$$k_{\alpha\alpha} = -\log_e(1 - p_d) \div 2T$$
$$= -\log_e(1 - 0.486) \div (2 \times 4 \times 10^8) = 0.83 \times 10^{-9}$$

人类与犬：$p_d = 16.3\%$，$T = 85$ 百万年，则得

$$k_{\alpha\alpha} = -\log_e(1 - 0.163) \div (2 \times 0.85 \times 10^8) = 1.05 \times 10^{-9}$$

Hb-α 链氨基酸平均置换率 $k_{\alpha\alpha}$ 在多种动物间的平均值大致为 0.9×10^{-9}，其他各种结构基因座上蛋白质年均氨基酸置换率并不相同：Hb-β 链 $k_{\alpha\alpha}$ 大致和 α 链相同；组蛋白 His-H4 最低，大约为 0.01×10^{-9}/年；胰岛素各物种间约为 0.44×10^{-9}/年。

以氨基酸置换标志的分子进化速度，在同一种蛋白质大致是一个定值或相近的。这一事实难以氨基酸置换受到有利的淘汰或不利的淘汰来加以说明，相反将这一事实作为既不受有利淘汰，也不受不利淘汰，纯属中性突变来看待反而是非常符合逻辑的。

设：u 代表一个基因座的突变率；f 代表该座位上的一个突变基因最终在群体中固定的概率；N_c 代表群体包含的个体数。

那么，由于全群在该座位存在 $2N_c$ 个基因，因而，每座位平均置换率 k 应为

$$k = 2N_c \cdot u \cdot f \tag{5.7}$$

如果和群体在该座位上原有基因的纯合子相比较，突变基因杂合子的有利程度为 S，其纯合子的有利程度为 $2S$，群体有效规模为 N，以木村的理论来推导，突变基因在群体中得到固定的概率为

$$f = 2S \cdot N/N_c, \tag{5.8}$$

将公式（5.8）代入公式（5.7）可得

$$k = 2N_c \cdot u \cdot 2S \cdot N/N_c = 4N \cdot S \cdot u$$

如果 k 大致是一个定值，那么无论物种为何，群体有效规模 N、对于淘汰的有利程度 S 以及突变率 u 三者之积为定值。再者，在中立性突变的条件下，群体中 $2N_c$ 个等位基因均无 "有利" "无利" 可言，任何突变基因最终在群体中固定的概率均为

$$f = 1/2N_c$$

再将此推论代入公式（5.7），则有

$$k = 2N_c \cdot u \cdot \frac{1}{2N_c}，\text{亦即 } k = u \tag{5.9}$$

这就是说，对于中性突变来说，氨基酸置换率亦和进化速率亦即突变率相等。所谓 "置换率为定值"，其本质在于突变率是定值。这样，同一种蛋白质以氨基酸置换来标志的分子进化速度为定值的事实，在中立性突变的假定下得到了合理的解释。

（二）各种生物蛋白质电泳分析揭示的大量多型现象

20 世纪 60 年代以后，关于各种生物的蛋白质电泳分析，陆续发现了不同物种中大量存在的蛋白多型现象，这一现象出乎当时的意料。例如在果蝇、人类等高度变异的物种，约有 30% 的基因座保持着多型状态，每座位的平均杂合率高达 12%。

20 世纪 70 年代中期以前不少群体遗传学家曾尝试以杂合子优势来解释这种多型的现象，但是解释不通。

例 5-2　假定物种具有 10000 个结构基因座；其中 20%保持多型状态（多态座位数 $n =$ 10000×0.2），某个座位 3 种基因型的适应度分别是：A_1A_1 为 $1 - s_1$；A_1A_2 为 1；A_2A_2 为 $1 - s_2(0 < s_1, s_2 < 1)$。

那么，该座位上的样体平均适应度比最优基因型的适应度低的差值为（第六章将说明"遗传负荷"）

$$L_s = \frac{s_1 s_2}{s_1 + s_2} \tag{5.10}$$

如再假定 $s_1 = s_2$，则 $L = s/2$

假定：A_1A_2 比两种纯合子的适应度只高 1%，即 $s = 0.01$，则 $L = 0.005$，10 000 个基因座位独立分离，那么因淘汰而除去的个体在每座位的比例为 $1 - e^{-sn/2}$；相反，得以生存的个体（每座位）的比例为 $e^{-sn/2}$。

那么按照本例的假定（$s = 0.01$，$n = 10000×0.2 = 2000$），可得淘汰作用下得以生存的个体占全样的比例为

$$e^{-sn/2} = e^{-0.01 \times 2000/2} = 0.0000454$$

也就是说每存活一个，就要因淘汰而死亡 22 026 个体，这种情况在任何高生殖率、低成活率的物种都是不可能的，这就说明杂合子的优势不能说明生物种蛋白多型如此普遍的事实，自然群体所表现的高度蛋白多型不是由自然淘汰的平衡来保持的，也就是说，蛋白多型的大部分对淘汰作用是中立性的。

分子变异中立性学说认为：蛋白质多型是由蛋白质氨基酸置换体现的分子进化过程在一个瞬间的断面。如今观察到的蛋白质多型现象的大部分，都是突变和突变基因随机漂变共同导致的一个瞬间时象。在不同物种的同种蛋白质发现的氨基酸置换现象，都是突变基因随机固定的结果。

四、关于中立说-淘汰说争论的新进展

分子进化中立说一提出，就在 20 世纪 70 与 80 年代初遭到适应进化论学者的严厉批判。后者主张自然淘汰不仅是形态性状进化的基本动力，也是分子进化的基本动力。木村和少数支持中立说的学者对后者进行反驳，认为自然选择并不是进化的作者，而仅仅是进化的编者。从 20 世纪 70 年代到 90 年代初，中立说-淘汰说争论（neutralist-selectionist controversy）占据了国际性生物科学出版物的大量版面，其中有相当一部分论文涉及对分子结构的淘汰制约与分子进化速度的关系。

1. 支持分子进化中立说的重要见解

（1）机能上重要性低的分子以及分子的组成部分进化速度快。

例 5-3　凝血过程中由纤维蛋白原（fibrinogen）分离出的纤维蛋白肽，年均每个氨基酸置换率为 $4.5×10^{-9} \sim 8.3×10^{-9}$，而组蛋白 H4 的置换率只有 $0.01×10^{-9}$；胰岛素原包含 A、B、C（氨基酸分别为 21 个、30 个和 33 个），活性胰岛素由 A、B 两种肽构成，不包含 C 肽。A、B 两种肽的氨基酸置换率每年每位置为 $0.4×10^{-9}$，C 肽则为 $2.4×10^{-9}$。血红蛋白 α 链和 β 链的表面比之于在结合氧气时发挥最大作用的血袋，氨基酸置换速度快得多，

约为后者的 10 倍。

（2）从珠蛋白碱基置换的测定开始，氨基酸核酸序列测定揭示：DNA 碱基三连体（DNA 密码）的第一、第二碱基置换的大多数虽然引起所编码的氨基酸的置换，但是三联体第三碱基的变化大多数并不导致氨基酸的置换，这就是所谓同义置换（synonymous substitution）。同义置换并不改变所编码的氨基酸，因而也不影响生物体的表型，不受淘汰的作用。而在从病毒到高等哺乳类动物通用的遗传密码，同义置换率相当于非同义置换率的数倍之多。

（3）假基因（pseudogene）的揭示。假基因虽然与具有特定功能的基因有大致相同的性质，但由于突变而丧失了功能，位于 DNA 的丧失了编码蛋白质氨基酸的区域，其大多数是由功能基因的重复而产生。一个重要的事实是假基因比相同的功能基因不仅碱基置换快得多，而且核苷酸上发生碱基的缺失、附加（插入）的频率也很高。由于功能的丧失，假基因的变化也不影响表现型，不受淘汰的制约，表现出接近于最高值的分子进化速度。

（4）真核生物的基因包含不从 DNA 向 mRNA 转录的遗传信息，因而与蛋白质合成无关的一些夹杂序列——基因内区（内含子，intron）的进化速度比向 mRNA 转录遗传信息的碱基序列（即编码序列，外显子，exon）要快得多，这些区域的碱基变化由于不受自然淘汰的作用，所以分子进化的速度接近最高值。

2. 不支持分子进化中立说的重要见解

（1）淘汰进化论者认为：作为分子进化的系统分化年代的依据来自于古生物学的粗略估计，是不可靠的。

（2）分子进化钟的一个重要支柱是不同物种间氨基酸置换和碱基置换速率的恒定值，即有一个分子钟，而关于分子进化的恒定性至今尚未获得系统的证实。

目前国内论文未涉及分子钟检验，所以不涉及氨基酸、碱基测序，只是生物钟选择是关键的。

木村、根井等分子进化论学者，鉴于上述新的发现，又提出了作为与表型进化相区别的分子进化之 5 个特征，从经验和理论两个方面继续支持分子进化中立说，以下原文直译地介绍他们的见解：

（1）对各种蛋白质而言，分子进化体现于氨基酸置换的进化速度，如果不涉及分子功能、三级结构（碱基、氨基酸、蛋白质）的变化，对各系统来说，平均每年每个座位上的变化大致恒定。

（2）功能上不重要的分子或分子局部，比之于具有重要功能的分子或分子局部，表现为突变置换的进化速度高，而且大体上与自然淘汰无关。

（3）仅只略微扰乱既存分子的结构与功能的突变置换（即保守的置换），比之于改变分子结构、功能较大的突变置换更容易在进化过程中发生。

（4）基因的重复往往是具有新功能的基因出现的先导。

（5）在进化过程中，明显有害的突变基因被自然淘汰清除，以及中立性突变基因和轻微有害基因的随机固定，比明显有利突变基因承受达尔文式选择的现象更频繁。

　　如公式（5.9）所述，在所有突变皆为中立性时，突变率和平均每个位置上的氨基酸置换率之间存在相等关系，即 $k = u$。如果更精确地考虑，有一部分突变置换是有害的（可能体现为分子结构与功能的改变），也就是说分子结构也受到自然淘汰的制约，这个关系就应略加修正。

　　设：全部突变中中立性突变的比例为 P_n，则有害突变的比例为 $1 - P_n$。

　　由于有害突变不参与分子进化，所以有

$$k = uP_n \tag{5.11}$$

木村根据 Ward 等关于比目鱼的多座位电泳结果、野沢关于日本猴的多座位电泳结果，估计中立性突变的比例约为 10%。

第六章　群体中的遗传变异

一、遗传多型的一般概念与保持机制

（一）一般概念

遗传多型（genetic polymorphism）是指在同一生息地域的群体中存在两种或两种以上非连续性遗传变异类型越代持续共存的现象。或者说，生息在同一场所且具有生殖联系的生物群体中有两种或两种以上有着相当高的频率的相对可遗传变异类型的现象，就是指该群体就所指定层次变异而言存在多型。

"相当高的频率"指 P 在 0.01 以上。

这种现象目前可以从不同层次的标志进行分析，不同层次的分析有不同的多型性水平。不同层次的多型现象之间存在着目前尚未认识、揭示的内在关系。

（1）形态特征：如毛色、体色。

（2）结构基因型：如血红蛋白型。

（3）生理特征：如绵羊繁殖的季节性；鸡的冬季停产性、抱窝性；山羊对腰麻痹症的易感性。

（4）DNA 核苷酸链的位点。

（二）有关例证统计

以电泳方法可以检测到的多型只是多型座位中的一部分；加之由于检测群体、个体的规模的限制，肯定也还有一部分可能检测到的变异类型至今尚未观察到。所以表 6-1 所列的多型座位可以认为是较低估计值。

表 6-1　电泳检测到的多态座位

物　　种	检测座位数	多态型座位比例（%）
人（*Homo sapiens*）	71	28
牛（*Bos taurus & Bos indicus*）	27	44
亚洲水牛亚种（*Buffalo buffalo*，*swamp*）	27	26
绵羊（*Ovis aries*）	35	29
山羊（*Capra hircus*）	38	60
马（*Equus caballus orientalis*）	33	33
猪（*Sus scrofa*）	26	42
鸡（*Gallus gallus*）	22	45
小家鼠（*Mus musculus musculus*）	41	29
小家鼠（*M. m. brevirostris*）	40	30
小家鼠（*M. m. domesticus*）	41	20
白足鼠（*Peromyscus polionotus*）	32	23

续表

物　　种	检测座位数	多态型座位比例（%）
拟暗果蝇（*Drosophila pseudoobscura*）	24	43
果蝇（*D. persimilis*）	24	25
暗果蝇（*D. obscura*）	30	53
亚暗果蝇（*D. subobscura*）	31	47
威利斯顿果蝇（*D. willistoni*）	28	86
黄果蝇（*D. melanogaster*）	19	42
果蝇（*D. simulans*）	18	61

（三）遗传多型形成的概率分析

过去处在均质状态的总体中一旦发生突变，产生遗传变异，在发生突变的座位就会出现不同的等位基因，包括原有的基因（野生型基因）和突变基因。群体从此时走向多型状态。但是，多型现象和突变并不是同时发生的。

如果群体某个位点原来只有单一的基因 A_1，由于突变 $A_1 \rightarrow A_2$ 的发生，群体结构的最初变化就是出现了一个杂合子 A_1A_2。而新基因 A_2 能否在群体的后代得以继续存在，取决于这个杂合子的留种概率。倘使杂合子无子女留存，则 A_2 消失；如果留存一个子（或）女，新基因传递到下一代的概率是 1/2，消失的概率是 1/2；留存子女 2 个，A_2 基因的留存概率就是 $1-(1/2)^2=3/4$，消失的概率为 1/4。如果群体规模不变，也就是一对亲本在子代群体平均留存子女 2 个，那么因为（Fisher，R. A. 证明过）群体留存子代的分布服从 Poisson 分布，有 K 个后代的家系（一对亲本）留下子女的概率为

$$P_K = \frac{e^{-u}u^K}{K!} = \frac{e^{-2}2^K}{K!} \tag{6.1}$$

与不同的 K 值相对应的新基因 A_2 消失的概率如表 6-2 所示。

表 6-2　不同 K 值对应下的新基因 A_2 消失的概率

留存子数	0	1	2	3	……	K
家系概率（P_K）	e^{-2}	$2e^{-2}$	$\frac{2^2}{2!}e^{-2}$	$\frac{2^3}{3!}e^{-2}$	……	$\frac{2^K}{K!}e^{-2}$
A_2 消失的概率（L_{CK}）	1	$\frac{1}{2}$	$\left(\frac{1}{2}\right)^2$	$\left(\frac{1}{2}\right)^3$	……	$\left(\frac{1}{2}\right)^K$

突变基因 A_1 在子代消失的总概率则为

$$\sum P_K L_K = e^{-2} + e^{-2} + \frac{e^{-2}}{2!} + \frac{e^{-2}}{3!} + \cdots + \frac{e^{-2}}{K!}$$

$$= e^{-2}\left(1 + 1 + \frac{1}{2!} + \frac{1}{3!} + \cdots + \frac{1}{K!}\right)$$

$$= e^{-2}(e) = e^{-1} = 0.367879$$

式中，$e = \lim_{n \to \infty}\left(1 + \frac{1}{n}\right)^n = 1 + 1 + \frac{1}{2!} + \frac{1}{3!} + \frac{1}{4!} + \cdots + \frac{1}{n!}$。

也就是突变基因产生一代后的留存群体中的概率只有 $1-0.367879 ≒ 0.632$（倘若幸存）；留存下来的基因在第 2 代仍有消失的可能性，但其概率比第 1 代低；第 3 代消失的概率更低。突变基因只有越过最初几代高概率消失的危险之后（倘若幸存），才能进入与野生型基因共存的状态，以致造成群体的多型状态。因此突变并不必然导致多型。

（四）保持群体遗传多型状态的遗传学机制

目前有三种假说对该机制进行解释。

1. 选择平衡假说

这种学说认为：群体中的多型状态是几种方向不同的选择压相平衡的结果。其中可能包含不同的情况，最主要的情况是杂合子优势。

杂合子优势：在特定的群体背景和生态环境下，一个基因座的杂合子的分子产物相对于各种纯合子的分子产物而言，使个体获得更高的适应度。典型的例子是人类 ABO 血型系统。AB 型个体的基因型是 $I^A I^B$ 杂合子，可以产生 A、B 两种红细胞膜抗原，血清中没有 A 凝集素和 B 凝集素（抗体），可接受 A、B、O 型外源血液。地中海沿岸和非洲内陆存在的镰刀形红细胞多型，其中的杂合子 AS，既产生 A 型血红蛋白，为输氧所必需；又产生 S 型血红蛋白，使个体抗疟原虫。

2. 多型过渡相假说

这种学说认为：不同的生态环境中的选择压力会造就不同的"野生型"；"野生型"的大多数基因座都是单态的。当环境变迁时，新的"野生型"会取代原有的"野生型"，并在某些基因座改变基因的内容。由于生态环境变化的多向性和重演，就会在特定时空形成多型状态。因而多型状态是适应不同生态环境的不同野生型之间的过渡相。

3. 中性突变假说

这种学说认为：结构基因的大多数 DNA 分子核苷酸的变异对选择呈中立性。处在静止状态的平衡是突变、回原之间的平衡，平衡的推移是遗传漂变导致的变化。

二、群体遗传变异的分析

种群内存在的遗传变异，是其遗传特性演变的基础。数量性状变异的遗传制约性，体现于其遗传参数。本部分内容从群体的角度对质量特征及其基因的变异进行分析，并将质量特征的概念延伸为一切存在对偶、复制、分离、重组机制的计数遗传特征。

（一）若干基本概念

1. 基因频率和基因型频率

基因频率（gene frequencies）：特定基因在群体所有个体的全部等位基因中占的比例；取值范围 0～1。基因型频率（genotype frequencies）：群体中特定基因型占的比例，在孟德尔群体，就常染色体座位而言，基因型频率是该基因纯合子基因型频率加上包含该基因的各种杂合子频率之和的 1/2，取值范围 0～1。基因频率和基因型频率都是群体遗传本质的标志。对单座位而言，前者是一个更好的指标，因为后者在世代传递过程中可能因近交等原因而产生临时性波动，而基因型频率的任何变动，都意味着群体遗传本质的演变。就多座位而言，基因型频率可以反映非等位基因间的连锁和互作关系，这也是种群遗传特性的一个侧面。

2. 群体遗传结构

群体遗传结构是指群体中各种等位基因的频率以及由不同的交配体制所产生的各种基因型在数量上的分布。

3. 基因库

以各种基因型携带着各种基因的许多个体所组成的群体，包括不同层次的种群，就是基因库（gene pool）。换言之，当从基因和基因型的角度来认识个体时，群体就是基因库；因而基因库也就是包含所有个体拥有的全部基因的群落空间。就家畜而言，任何基因库都容纳着 2 倍于个体数的染色体组；除性连锁座位外，各座位上都拥有 2 倍于个体数的等位基因。

4. 孟德尔群体与亚群

以有性过程实现繁殖的群体，称孟德尔群体（Mendelian population）。所以章首关于种群的定义对此也适用。不过，"孟德尔群体"强调世代相续过程的有性化，与之相对的是无性生殖种群。一般而言，种间不能实现有性生殖，因而一个孟德尔群体可能的最大范围是物种。物种是群体内发生的遗传变异扩散的最大极限。在一个大的孟德尔群体内，由于各种原因造成的交配限制，可能导致基因频率分布不均匀的现象，形成若干遗传特性有一定差异的群落，这就是亚群（subpopulation）。亚种、家畜品种都可视为物种的亚群，对于品种而言，品系、地域群都是亚群。

（二）群体遗传多样性的度量方法

关于群体变异程度的度量，目前已有多种不同的方法，各有优缺点和较适用范围，择要列举如下。

1. 多态性

多态性（polymorphism）即群体多态基因座位的比例（proportion of polymorphic loci）。就单个座位而言，如果不存在频率 0.95 以上的等位基因，这个座位就被认为是多态的。这种度量方法有失于定量标准的武断，也不能描述座位上等位基因的种类数，而这是变异程度的一个重要内容。更大的缺点是，以目前可以或易于分析的座位作为对群体一切座位多态程度进行估计的样本，缺乏严谨的遗传学和统计学理论根据。因为座位上的变异程度与性状的性质以及所受选择的程度有关，而目前常常受测的座位大多在选择上是中立的，就变异程度而言，并不是所有座位的随机样本。因此，将这个指标作为相同性质的座位变异程度的估计值可能更合理一些。

2. 杂合性

杂合性（heteromorphism）即群体各基因座位杂合子频率的平均数。这个指标克服了多态性的前两个缺点，但也以同类座位为测量范围为宜。

单个座位的无偏杂合度（基因多样度，unbiased gene diversity for each locus）用下式进行计算（Nei，1987）：

$$\hat{h} = \frac{2n(1 - \sum A_i^2)}{2n - 1} \tag{6.2}$$

式中，A_i 为各等位基因频率的估计值；n 是样本量。

3. 平均纯合度

平均纯合度（homozygosity）是指从各座位随机抽出两个相同等位基因的概率之均值。

设：A_i 为任一随机交配群体任一座位上第 i 个等位基因的频率（$i=1$，2，3，…，n）；j 为在任一座位随机抽出两个相同等位基因的概率；J 为受测座位 j 的均值；N 为受测座位数。

$$j = \sum A_i^2 \qquad J = \sum_1^N \frac{j}{N} \tag{6.3}$$

这个指标也称为基因一致度（gene identity）。

4. 平均杂合度

平均杂合度（heterozygosity）是指从各座位随机抽出两个不同等位基因的概率之均值，也称为基因多样度。在公式（6.3）的假设下，显然有平均杂合度：

$$H = 1 - J_e \tag{6.4}$$

不同群体间杂合度的差异检验：

对所有多样性座位用 $d_i = \hat{h}_{X_i} - \hat{h}_{Y_i}$ 来计算群体 X 和群体 Y 间基因多态性的差异，下标 X 和 Y 分别指群体 X 和 Y。则平均值（$\bar{d}$）和它的方差 $\left[V(\bar{d}) \right]$ 为

$$\bar{d} = \sum_{i=1}^{L'} \frac{d_i}{L'} \qquad V(\bar{d}) = \sum_{i=1}^{L'} \frac{(d_i - \bar{d})^2}{[L'(L'-1)]} \tag{6.5}$$

式中，L' 是多态性座位的数目。两个群体间 $\hat{H}$ 的差异可由下式检验：

$$t_{L'-1} = \frac{\bar{d}}{s(\bar{d})} \tag{6.6}$$

式中，自由度为 $L'-1$；$s(\bar{d})$ 是 $V(\bar{d})$ 的平方根。

5. 香农信息指数

香农（Shannon）信息指数（S）是信息论中描述"熵"的测度值，可借用评价一个随机交配群体在品种选育过程中所受选择、变异和遗传漂变的合并影响。香农全名 Claude

Elwood Shannon，美国数学家，信息论的创始人。香农信息指数在遗传学上的含义为多样性指数，可评价种群内和种群间遗传多样性的高低，指数越大，表明种群的遗传多样性越高。Lewontin（1972）首先将 Shannon 信息指数用于估算人类种群的同工酶多态性，并认为可以应用 Shannon 信息指数计算群体内和群体间的基因多样性。香农信息指数与基因杂合度存在相关，但前者的变异幅度更大，更能反映群体的多样性。

$$S = -\sum p_i \ln p_i \tag{6.7}$$

式中，p_i 为某一座位上第 i 个等位基因的频率（$i=1, 2, 3, \cdots, n$）；$\ln p_i$ 指 p_i 的自然对数。

6. 平均密码子差数

平均密码子差数（codon differences）是指各座位随机抽出的两个等位基因之间存在的密码子差数之均值。

Nei M.（1975）提出关于这个概念的两种度量方法。

设：群体随机交配，而且顺反子（基因）上各密码子独立变异；N 为任一顺反子包含的密码子数；δ 为随机抽出的两个顺反子上第 i 密码子不相同的概率；D_e 为各座位密码子差数的期望值。

则就所有座位而言，两个随机抽出的顺反子具有相同密码子序列的平均概率为

$$P = \prod_{i=1}^{n} (1 - \delta_i)$$

等式两边取对数：

$$\ln P = -D_e \ln e$$

当 $P=J$ 时，有

$$D_x = \ln J \tag{6.8}$$

由于顺反子包含的密码子通常是紧密连锁的，所以这一估计一般是偏低的。为此，将 J 代以座位间一致度的几何平均数 J'，则有关于平均密码子差数的第 2 种度量：

$$D'_x = -\ln J' = -\ln^N \sqrt{J_1 J_2 J_3 \cdots J_N} \tag{6.9}$$

因为不同的等位基因至少有一个密码子不同，所以可以将基因多样度视为关于平均密码子差数的最低估计值。

7. 多态信息含量

多态信息含量（polymorphism information content，PIC）其实质是从群体中随机获得两个不同杂合子之概率之均值。多态信息含量是衡量多态性高低的较好指标，尤其适用于分子标记，例如微卫星位点。该指标最初被用于连锁分析时对标记基因多态性的估计。当 $PIC>0.5$ 时，该座位为高度多态位点；$0.25<PIC<0.5$ 时为中度多态性位点；$PIC<0.25$ 时为低度多态位点。

$$PIC = 1 - \sum_{i=1}^{k} P_i^2 - \sum_{i=1}^{k-1} \sum_{j=i+1}^{k} 2P_i^2 P_j^2 = 2\sum_{i=1}^{k-1} \sum_{j=i+1}^{k} P_i P_j (1 - P_i P_j) \tag{6.10}$$

式中，k 为等位基因数目；p_i 和 p_j 分别为第 i 和第 j 个等位片段的频率。

8. 有效等位基因数

Hines 等提出等位基因在群体中分布越均匀，有效等位基因数（effective number of alleles，N_e）越接近所检测到的等位基因的绝对数，其值为纯合度的倒数。

$$N_e = \frac{1}{\sum\limits_{i=1}^{n} q_i^2}$$

式中，q_i 为每个座位第 i 个等位基因的基因频率。

9. 固定指数

固定指数（fixation index）是群体中杂合子频率差异的估计值，它通过杂合子频率偏差反映群体在某个座位的遗传分化程度。当一个群体分化成两个亚群时，这个群体中杂合子必然会减少；或当群体规模较小时，也容易导致杂合子频率降低，这主要是随机漂变的作用。

$$F = (H - H_0) / H \tag{6.11}$$

式中，H 是随机交配情况下杂合子的期望频率；H_0 是群体杂合子的观察频率。

10. 基因分化系数 G_{st}

基因分化系数 G_{st}（coefficient of gene differentiation）是亚群间基因分化相对量的一个较好的测试指标。基因分化系数小，表明群体间的遗传变异占总群体遗传变异的水平较低，说明变异主要来自群体内的遗传变异。

$$G_{st} = \frac{(H_t - H_s)}{H_t} = 1 - \frac{H_s}{H_t}$$

式中，H_t 为总群体平均杂合度；H_s 为各群体内平均杂合度；G_{st} 为基因分化系数。

11. 基因流动

一些个体从一个群体迁移到另一个群体就会把基因带到新的群体，从而产生基因流动（N_m），也称为基因流，基因流实际上是群体间每代繁殖成功的迁移数。基因流是影响群体内部和群体之间遗传变异程度的重要因素。其计算公式为

$$N_m = \frac{1 - F_{st}}{4 F_{st}} \tag{6.12}$$

式中，F_{st} 为子群体等位基因频率的标准方差；N_m 为每代迁入的有效个体数。

由此可见，每代迁入的有效个体数与群体间遗传差异水平成反比。稳定的群体表现较高的 F_{st} 值而易迁移的群体有较低的 F_{st} 值。Slatkin（1985）认为：①当 $N_m<1$ 时，基因流就不足以抵制群体内因遗传漂变而引起的群体分化，即有限的基因流就可以促使群体发生遗传分化。②当 $N_m>1$ 时，必须分情况讨论，如果选择压力（生态气候与生长环境等）很大，也不能代表群体间发生了基因流，N_m 值大于 1 可能代表的是过去的基因流而不能反映现在的实际基因交换情况；如果不存在选择压力，说明群体间发生了基因流，但这

种情况在自然界中相对较少。③当 $N_m \gg 1$ 时，说明地理距离可能很近或群体间有某种渠道可以发生基因流。

（三）群体内孟德尔性状表型变异的鉴别

家畜群体偶尔出现的质量特征变异绝大部分来源于基因重组。用经典遗传学的方法鉴别其遗传基础，一般需要几代详细的系谱记载。但在我国，地方家畜群体往往不具备这一条件。以相邻两代的系谱和表型记录为基础的群体分析，可能是一个适用范围较广的替代方法。

1. 备忘录

性状分离的孟德尔模型就所观察的性状而言，如果单一表型的家畜群体偶然在某个世代出现了新的变异类型，必然有相同表型的双亲产生（两种或以上）不同的子代个体之机制同时存在。这种性状分离现象就遗传基础而言有不同的原因，而各种原因导致的分离，都有独特的分离比例。倘若为常染色体隐性基因纯合化的结果，则其比例应为同类交配组合所得子代个体的 1/4，而多座位决定的性状分离模式可归纳为表 6-3。

表 6-3　性状分离的孟德尔模型

基因作用类别	双显	单显	单隐	双隐	遗传机制	例子
经典比例	9	3	3	1	两对基因分别影响两对性状	鸡的冠型
累加基因	9	6		1	有显性，无上位	猪、牛的沙色毛
显性抑制基因	12		3	1	显性上位	卡拉库尔羊的金色毛
隐性抑制基因	9	3	4		隐性上位	马的骝毛
重复基因	15			1	双重显性上位	鸡的羽腿和光腿
互补基因	9	7			双重隐性上位	来航鸡的抱窝
显隐性抑制基因	13		3		显隐性上位	来航鸡与泰和丝羽鸡的杂交（羽色）

2. 以各类家系的频次鉴别表型变异的遗传基础

如果可以肯定畜群中有一部分交配组合的双方是相同的杂合子，那么就可以按二（多）项分布概率检验其子代中各类家系的频率是否与某种已知的遗传模式相符。首先根据初步观察提出假定，然后进行检验。

例如，当只出现一种新变异类型即只有两种表型分离时，就可以依据初步观察到的比例检查是否与一个座位的分离、重复基因、互补基因或显隐性抑制基因的分离模型相符。

设：K 为分离世代一个家系（交配组合）包含的子代个体数；p 为固有类型的理论比例（如 3/4、15/16、9/16、13/16）；q 为新类型的理论比例（如 1/4···）；r 为家系中原有类型个数；P 为 K 与 r 为定值的某类家系的概率。

则

$$P = \frac{K!p^r q^{K-r}}{(K-r)!r!} \tag{6.13}$$

例 6-1　两个稳定遗传的白毛兔相杂交，F_1 代全部为灰兔，F_1 代相杂交得到的 F_2 代有灰、白两种毛兔，资料见表 6-4。

表 6-4　两个稳定遗传的白毛兔杂交资料

每窝产仔数	观察总窝数	窝型	记录窝数	总计（只）
4	274	4 白	8	
		3 白 1 灰	53	灰 620
		2 白 2 灰	101	白 476
		3 灰 1 白	83	
		4 灰	29	

试分析灰、白两种毛色的遗传机制？

解：

（1）假设：$p=9/16$，$q=7/16$。

（2）计算 $K=4$ 时各种家系的概率，设 r 代表窝中灰兔数（$r=0$，1，2，3，4）。

$$P = \frac{K!p^r q^{K-r}}{(K-r)!r!} = \frac{4!\left(\frac{9}{16}\right)^r\left(\frac{7}{16}\right)^{4-r}}{(4-r)!r!}$$

（3）计算各种家系的理论比例：

$r=0$ 时，$P = \dfrac{4!\left(\frac{9}{16}\right)^0\left(\frac{7}{16}\right)^4}{(4-0)!0!} = \dfrac{2401}{65536}$；

$r=1$ 时，$P = \dfrac{4!\left(\frac{9}{16}\right)^1\left(\frac{7}{16}\right)^3}{(4-1)!1!} = \dfrac{12348}{65536}$；

$r=2$ 时，$P = \dfrac{4!\left(\frac{9}{16}\right)^2\left(\frac{7}{16}\right)^2}{(4-2)!2!} = \dfrac{23814}{65536}$；

$r=3$ 时，$P = \dfrac{4!\left(\frac{9}{16}\right)^3\left(\frac{7}{16}\right)^1}{(4-3)!3!} = \dfrac{20413}{65536}$；

$r=4$ 时，$P = \dfrac{4!\left(\frac{9}{16}\right)^4\left(\frac{7}{16}\right)^0}{(4-4)!4!} = \dfrac{6561}{65536}$。

（4）各种窝型的应有次数：$f_e = NP = 274P$。

$r=0$ 时，$f_e = 10.038$；

$r=1$ 时，$f_e = 51.626$；

$r=2$ 时，$f_e = 99.564$；

$r=3$ 时，$f_e = 85.341$；

$r=4$ 时，$f_e = 27.431$。

（5）以各种窝型的应有次数与实有次数作适合性测定：

$$\chi^2 = \sum_{i=1}^{n} (f_0 - f_e)^2 / f_e = 0.626, \quad df = 4$$

$$\chi^2_{df=4,0.05} = 9.488 > 0.626$$

经检验差异不显著，应有次数与实有次数吻合，故得 F_2 代灰兔和白兔分离比例为 9：7。

在 K 为定值的条件下，根据 P 和观察的家系总数 N 确定各类家系的应有频次，与实有频次对照，作适合性测定以判断假定是否与客观实际相符。同理，当有三种表型分离时，以二项分布概率可得各类家系的概率为

$$P = \frac{K! p^r q^t s^{K-r-t}}{(K-r-t)! r! t!} \tag{6.14}$$

式中，s 和 t 分别是第三种类型的理论比和家系中的个数。其余情况可以类推。

这种方法基本上是从群体而不是从家族的角度来分析性状的基础。然而，除非在两种群杂交之始，否则难以肯定哪些交配组合的双方是相同杂合子，所以其适用范围有限。

3. 利用不完全的二项分布概率鉴别表型变异的遗传基础

在出现分离的世代，包含新类型个体的家系，其双亲一定是相似杂合子。子代中没有新类型的交配组合，其中肯定有一部分，双方也都是这类杂合子。因为在这种交配组合，存在一定的产生完全由原有类型组成的家系的概率。在前述假定下，二项分布展开式

$$(p+q)^k = p^k + c_k^1 p^{k-1} q + c_k^2 p^{k-2} q^2 + \cdots + c_k^r p^{k-r} q^r + \cdots + c_k^{k-1} p q^{k-1} + q^k$$

中的第一项（p^k）就是这类家系的概率。但是这一部分不能和正常双亲或一方正常的交配组合产生的家系相区别。因而在能够观察到的部分中，各类家系的概率为

$$P = \frac{K! p^r q^{K-r}}{(K-r)! r! (1-p^K)} \tag{6.15}$$

在 K 为定值（2，3，4，…）的各种条件下，变异类型的平均个数分别为

$$\bar{t} = \sum \left[(K-r) \frac{K! p^r q^{K-r}}{(K-r)! r! (1-p^K)} \right] \tag{6.16}$$

据此以观察家系的总数 N 求定值 K 之下变异类型的应有个数并与实际个数相对照，即可判断变异的遗传基础。当涉及两种以上，例如 3 种表型分离时，一个新类型也没有出现的家系仍然混迹于大群之中不能识别。能识别的各类家系的概率将为

$$P = \frac{K! p^r q^t s^{K-r-t}}{(K-r-t)! r! t! [1-(1-s)^K]} \tag{6.17}$$

这种鉴别方法只需要交配组合与亲子两代的表型记录。

例 6-2 1968—1977 年 10 年间出生的 165 个胎次的莎能山羊群体，其中出现了间性羔羊 183 只，资料见表 6-5，试分析间性羊的遗传机制。

表 6-5 165 个胎次的莎能山羊群体中间性羔羊的资料

一胎羔数	胎数 N	窝型比例的概率 P	性别	平均每胎羔数 T	$f_c = NT$	f_0
2	76	$\frac{8}{15}$ 1 公 1 间性；	♂	0.5333	40.533	42
		$\frac{6}{15}$ 1 母 1 间性；	♀	0.4000	30.400	30
		$\frac{1}{15}$ 2 间性	☿	1.0667	81.067	80
3	56	$\frac{48}{169}$ 2 公 1 间性； $\frac{72}{169}$ 1 公 1 母 1 间性；	♂	1.0651	59.645	57
		$\frac{27}{169}$ 2 母 1 间性； $\frac{12}{169}$ 1 公 2 间性	♀	0.7988	44.734	44
		$\frac{9}{169}$ 1 母 2 间性； $\frac{1}{169}$ 3 间性	☿	1.1361	63.621	67
4	10	$\frac{256}{1695}$ 2 公 1 间性； $\frac{576}{1695}$ 2 公 1 母 1 间性				
		$\frac{432}{1695}$ 1 公 2 母 1 间性； $\frac{108}{1695}$ 3 母 1 间性	♂	1.5953	15.953	15
		$\frac{96}{1695}$ 2 公 2 间性； $\frac{144}{1695}$ 1 公 1 母 2 间性	♀	1.1965	11.965	12
		$\frac{54}{1695}$ 2 母 2 间性； $\frac{16}{1695}$ 1 公 3 间性；	☿	1.2083	12.083	13
		$\frac{12}{1695}$ 1 母 3 间性； $\frac{1}{1695}$ 4 间性				
$\chi^2 = 0.5096$						

解：

（1）假设：间性性状由常染色体的一对隐性基因控制。一胎产羔数为 K；公羔比例为 $p=4/8$；母羔比例为 $q=3/8$；间性羔羊比例为 $s=1/8$；r 代表一胎中公羔只数；t 代表一胎中母羔只数。

（2）在定值 K 下，计算各种家系的频率 P：

$$P = \frac{K!p^r q^t s^{K-r-t}}{(K-r-t)!r!t![1-(1-s)^K]}$$

$K=2$ 时，

$r=1$，$t=0$，$K-r-t=1$ 时， $P = \dfrac{2!\left(\frac{4}{8}\right)^1\left(\frac{3}{8}\right)^0\left(\frac{1}{8}\right)^{2-1-0}}{1!1!0!\left[1-\left(1-\frac{1}{8}\right)^2\right]} = \dfrac{8}{15}$；

$$r=0,\ t=1,\ K-r-t=1\ \text{时},\quad P=\frac{2!\left(\frac{3}{8}\right)^1\left(\frac{4}{8}\right)^0\left(\frac{1}{8}\right)^{2-1-0}}{1!0!1!\left[1-\left(1-\frac{1}{8}\right)^2\right]}=\frac{6}{15};$$

$$r=0,\ t=0,\ K-r-t=2\ \text{时},\quad P=\frac{2!\left(\frac{3}{8}\right)^0\left(\frac{4}{8}\right)^0\left(\frac{1}{8}\right)^{2-0-0}}{2!0!0!\left[1-\left(1-\frac{1}{8}\right)^2\right]}=\frac{1}{15}$$

当 $K=3$，$K=4$ 时以此类推，计算结果见表 6-5。

（3）计算在各种 K 值下，平均每胎各性别羔羊的频率 T：

$$T_\delta=\sum(rp)=\sum\left\{r\frac{K!p^rq^ts^{K-r-t}}{(K-r-t)!r!t![1-(1-s)^K]}\right\}$$

$$T_\female=\sum(tp)=\sum\left\{t\frac{K!p^rq^ts^{K-r-t}}{(K-r-t)!r!t![1-(1-s)^K]}\right\}$$

$$T_{\text{间性}}=\sum[(K-r-t)p]=\sum\left\{(K-r-t)\frac{K!p^rq^ts^{K-r-t}}{(K-r-t)!r!t![1-(1-s)^K]}\right\}$$

$K=2$ 时，

$$T_\delta=\sum(rp)=\sum\left\{r\frac{K!p^rq^ts^{K-r-t}}{(K-r-t)!r!t![1-(1-s)^K]}\right\}$$

$$=\sum\left[1\times\frac{2!\left(\frac{4}{8}\right)^1\left(\frac{3}{8}\right)^0\left(\frac{1}{8}\right)^{2-1-0}}{1!1!0!\left[1-\left(1-\frac{1}{8}\right)^2\right]}+0\times\frac{2!\left(\frac{3}{8}\right)^1\left(\frac{4}{8}\right)^0\left(\frac{1}{8}\right)^{2-1-0}}{1!0!1!\left[1-\left(1-\frac{1}{8}\right)^2\right]}+0\times\frac{2!\left(\frac{3}{8}\right)^0\left(\frac{4}{8}\right)^0\left(\frac{1}{8}\right)^{2-0-0}}{2!0!0!\left[1-\left(1-\frac{1}{8}\right)^2\right]}\right]$$

$=0.5333$

同理：$T_\female=0.400\,0$；$T_{\text{间性}}=1.066\,7$。

（4）计算在各种 K 值下，N 胎中各性别羔羊应有的个数 f_e：

$K=2$ 时，

公羔数：$f_e=NT=76\times0.5333=40.533$

母羔数：$f_e=NT=76\times0.4000=30.400$

间性羔羊数：$f_e=NT=76\times1.0667=81.067$

（5）以各种性别的应有次数与实有次数作适合性测定：

$$\chi^2=\sum_{i=1}^n(f_0-f_e)^2/f_e=0.5096,\quad df=2$$

经检验差异不显著，应有次数与实有次数吻合，故理论假设成立。即公羔：母羔：间性羔羊比例为 4：3：1。

三、遗传负荷

（一）概念

遗传负荷（genetic load）是描述群体由于有害基因的存在而使（群体）适应度降低情况的指标。就特定基因座而言，遗传负荷是指群体平均适应度与最优基因型适应度之间的相对离差：

$$L = \frac{W_{\max} - \overline{W}}{W_{\max}} \tag{6.18}$$

式中，$W_{\max}$ 为最优基因型适应度；$\overline{W}$ 为群体平均适应度；L 为群体遗传负荷。

（二）遗传负荷的一般度量方法

通常把最优基因型适应度作为比较的基础，其值设定为 1；群体平均适应度则应以各种基因型的频率为权求平均值。

例 6-3　群体某座位存在 3 种等位基因 A_1、A_2 和 a，其频率分别为 $p=0.3, q=0.5, r=0.2$，群体中 6 种基因型的适应度见表 6-6。

表 6-6　群体中 6 种基因型的适应度

基因型	A_1A_1	A_1A_2	A_1a	A_2A_2	A_2a	aa
W	0.8	1	0.7	0.9	0.3	0.2

设：6 种基因型的适应度分别为 W_1、W_2，$\cdots$，W_6，A_1A_2 为最优基因型。

群体平均适应度则为

$$\overline{W} = p^2 W_1 + 2pq W_2 + 2pr W_3 + q^2 W_4 + 2qr W_5 + r^2 W_6$$
$$= 0.072 + 0.30 + 0.084 + 0.225 + 0.06 + 0.008 = 0.749$$

群体遗传负荷则为

$$L = \frac{W_{\max} - \overline{W}}{W_{\max}} = \frac{1 - 0.749}{1} = 0.251$$

（三）遗传负荷的性质

（1）随环境变化而增减。

（2）突变、迁移、近交会改变其水平。

（3）有正、反两方面效应：增加群体遗传多型水平；降低群体适应度。

（四）遗传负荷的起因

1. 主要原因

（1）突变：在非有害基因纯合子座位上发生的有害频发突变。

（2）杂合子分离：有利杂合子分离基因形成不利的纯合子。这种情况引起的遗传负荷称为"分离负荷"。

　　2. 次要原因

　　（1）迁移：群体中迁入不利突变基因，引起适应度下降。
　　（2）基因取代：在进化过程中一个特殊等位基因被另一基因替代，引起负荷，这种情况是群体进化付出的代价。
　　（3）选择：选择一种数量性状往往导致相关抗性基因座频率的随机性变化，其效应是使最优、较优基因型的适应度向中间值回归。
　　（4）互作：有害或不利基因间的互作引起的负荷。
　　（5）近交：使有害隐性基因得以纯合化，以至降低全群平均适应度。

　　（五）分离负荷度量

　　在一般度量公式的基础上，可得出对分离负荷的特殊度量公式。
　　设：一个座位上一对等位基因的频率分别为 p、q；两种纯合子 AA、aa 在以杂合子 Aa 适应度为 1 的条件下选择系数分别为 s_1 和 s_2。
　　则根据在有利于杂合子时的选择之平衡公式：

$$\hat{q} = \frac{s_1}{s_1 + s_2} , \quad \hat{p} = \frac{s_2}{s_1 + s_2} ,$$

可得

$$L = \frac{s_1 s_2}{s_1 + s_2} \tag{6.19}$$

　　例 6-4　在非洲内陆和地中海沿岸疟疾疫区，相对于杂合子 AS（红细胞类型基因型），AA 型和 aa 型纯合子的适应度分别只有 0.81 和 0.20。
　　即 $W_1=0.81$，$W_2=0.20$，因而 $s_1=0.19$，$s_2=0.80$。
　　在这种背景下，遗传负荷为

$$L = \frac{s_1 s_2}{s_1 + s_2} = \frac{0.19 \times 0.80}{0.19 + 0.80} = 0.15354$$

四、DNA 多型的含义及度量

　　（一）DNA 多型的含义

　　DNA 多型是指同源染色体 DNA 之间相同的核苷酸位点或核苷酸序列特定的区域，核苷酸种类、组成和排列有两种或更多的类型，可以在生物生殖过程中超越世代次序共存的现象。
　　任何基因座位或 DNA 核苷酸位点的多型均来自各种各样的突变，如核苷酸取代、插入、缺失，又如基因转换、等位基因间的重组等，但是多型现象并非随着突变同时发生，也不是突变必然导致多型。因为绝大多数突变会因为遗传漂变或净化选择作用而从群体中消失，只有极少数新突变偶然逃脱遗传演变，并且受净化选择的筛选而幸存于群体，然后经历多代的复制导致群体出现遗传多型。

（二）度量方法

DNA 多型有多种分析法，归纳起来最基本的度量方法有以下两种。

1. 利用每个核苷酸座位的分离位点数目

设：在一个特定的 DNA 区段（若干个座位，locus），该区段出 n 个核苷酸组成，现在从群体中抽出 m 个拷贝，那么可以得到 m 条含 n 个核苷酸的矩阵。

$$m\begin{cases}\begin{bmatrix}A_1 & A_2 & \cdots & A_n \\ B_1 & B_2 & \cdots & B_n \\ C_1 & C_2 & \cdots & C_n \\ \vdots & \vdots & & \vdots \\ D_1 & D_2 & \cdots & D_n\end{bmatrix}\end{cases}\quad n \text{ 个核苷酸}$$

则在 m 条 DNA 序列中任何有两种或更多核苷酸的位点（site）称为"分离位点"。

令：S 代表一套数据（矩阵）中分离位点的总数；P_S 代表每个核苷酸座位的分离位点数，$P_S = S/n$。

再令：任何一对核苷酸座位之间不发生重组；新发生的突变只在非分离位点上产生；不存在自然选择；群体处于突变和漂变的平衡状态（这上述四个条件特别是前两条在遗传学上称为无限位点模型）。

则 P_S 的期望值为

$$E(P_S)=a_1\theta \tag{6.20}$$

式中，$a_1=1+2^{-1}+3^{-1}+\cdots+(m-1)^{-1}$；$\theta=4Nu$，$N$ 或 N_e 为群体有效规模，u 为每个位点的突变速率，θ 为突变率与群体有效规模的乘积。

而就全序列而言，突变率效应就应为

$$v=nu \tag{6.21}$$

显然抽样越多（m 越大），$E(P_S)$ 越高，其理论方差则为

$$V(P_S)=E(P_S)/n+a_2\theta^2 \tag{6.22}$$

式中，$a_2=1+2^{-2}+3^{-2}+\cdots+(m-1)^{-2}$

从公式（6.22）可以看出，$V(P_S)$ 显然随抽样规模 m 值升高而增大。

从以上定义可以看出，作为遗传标志的 θ 比 P_S 更为基本，因为它是突变率与样本有效大小的乘积，与抽样规模 m 没有关系，是核苷酸的固有性质。θ 值可按下式估计：

$$\hat{\theta} = \frac{P_S}{a_1} \tag{6.23}$$

θ 值估计值的方差为

$$V(\hat{\theta}) = \frac{V(P_S)}{a_1^2} \tag{6.24}$$

公式（6.24）适用于无选择、群体规模累代恒定的背景。其缺点是不能从 P_S 来判断

两个不同序列遗传多样性，必须先转换为 θ。

2. 利用核苷酸多型

作为 DNA 多型水平度量值的 Ps（每个核苷酸座位的分离位点数）与抽样检测规模 m 有关；在比较检测样本数不等的不同序列多型水平时，必须将 Ps 转化为 θ（突变率与样本规模之积），这是利用 Ps 值方法分析的缺点。而本方法克服了这一缺点，而且核苷酸的自然属性与抽样规模无关。

一个不依赖于样本规模 m 的 DNA 多型水平度量值，是每两个序列之间每个位点上核苷酸差异的平均值或称为"核苷酸多样性"，其定义为

$$\pi = \sum_{ij}^{q} x_i\, x_j\, d_{ij} \tag{6.25}$$

式中，q 为不同等位基因序列的总数；x_i 为第 i 个序列的群体频率；x_j 为第 j 个序列的群体频率；d_{ij} 为第 i 个和第 j 个序列间平均每个座位的核苷酸差数（即取代数）；π 为序列间每个位点上核苷酸差异的平均值（即核苷酸多样性）。

在一个随机交配的群体，π 是核苷酸水平上的杂合度，公式（6.26）与（6.27）都可以用来估计 π：

$$\hat{\pi} = \frac{q}{q-1}\sum_{ij} x_i x_j d_{ij} \tag{6.26}$$

$$\hat{\pi} = \sum_{i<j}^{m} d_{ij}/c \tag{6.27}$$

式中，m 为所研究序列的总数；i、j 为等位基因序列的序号；d_{ij} 为第 i 和第 j 序列间每个座位上的核苷酸差数；c 为序列两两比较的组合数，$c = m!/2!(m-2)! = \frac{1}{2}m(m-1)$。

五、遗传多型的进化意义

（一）遗传多型研究对进化理论发展的贡献

基因的长期进化（体现在分类学阶元上的进化）和群体内的遗传多型是进化过程的两个方面，遗传多型研究在进化理论发展中的功绩如下：

（1）木村资生（1968）提出分子进化中立性学说，是 20 世纪后期进化论发展中的一个重大事件；而该学说的验证历来依赖分子层次上的变异，即多型性分析。"分子进化中立性学说"认为分子层次上的遗传变异在很大程度上是"中性"的，也就是说并不具有适应意义，而且变异的范围主要取决于突变速率和群体有效规模（群体有效规模决定漂变速率）。因此，比较遗传变异即多型的实际观察值和预期值就可验证"中立性进化"这一假说，如果预期值与实际观察值差异显著就说明可能存在自然选择，而不是"中立性进化"。

（2）20 世纪 80 年代限制性内切酶技术和 DNA 直接测序方法的出现，推动了关于 DNA 多型的研究，揭示了"同义多型"和"非同义多型"的区别，使得从分子水平上研

究"适应进化"和"非适应进化"成为可能。

（3）DNA 多型的研究，使得群体演化分析可以进入到等位基因起源史的领域。这样就能够追踪某些特殊基因的历史，如人的苯丙酮尿症基因线粒体 9 号位的缺失、突变等，对这些特殊基因传播系谱的分析，反过来也增加了推动群体进化史的证据。

（4）基因多型的系统发育分析，也有助于某些基因的快速进化机制的研究，如人类的免疫缺陷病毒（HIV）、感冒病毒、SARS 病毒等。

（5）微卫星 DNA 的高度多型分析，为群体乃至近缘物种间详细的进化的揭示提供了新的思路。

（二）DNA 多型水平相对更高的遗传学基础和有关应用问题

1. DNA 层次高度多型的遗传学基础

相对于蛋白质多型、免疫学、细胞学等层次的多型而言，DNA 层次的变异有更高的多型水平，即所谓"多态型更丰富"，这是 DNA 多型的基本特性之一，其遗传学基础如下所述。

（1）DNA 核苷酸序列 95%以上的区段是非编码区（如内分子、侧序列等），这些区段的变异不反映于蛋白质水平，因而也不影响免疫学等其他层次的变异。

（2）在 DNA 编码区的无义核苷酸取代造成的 DNA 多型也不能反映到氨基酸的层次。

（3）DNA 序列还可以揭示由核苷酸取代、插入、缺失以及基因取代、不均等互换和基因水平转移等引起的多型的详细机制，其他层次的多型不能像这样如此深入。

2. 关于聚类分析中 DNA 多型的应用

上述优点并不说明在以群体为单位的聚类分析中，DNA 多型在任何研究背景下都比 Pr、免疫、细胞学等层次的多型分析更优越，乃至在这种研究中是唯一可信的技术，其原因如下。

（1）所谓不同的群体必然或多或少存在一些生物学差异，这些差异包括形态、生理、生态等的差异。如果没有任何生物学差异就不称为不同的群体，而一切群体间的生物学特性的差异必然以蛋白质水平上的变异为基础。DNA 非编码区的变异不可能成为导致群体生物学特性分化的原因，不同群体间 DNA 非编码区的差异来自群体规模决定的遗传演变具有偶然性（检测两个品种各自随机划分的若干小群体 DNA 非编码区的差异性，加上统计学理论分析就可证明是否如此），因而 DNA 非编码区的变异用于聚类分析的基础有很大局限性。

（2）任何蛋白质、免疫学、细胞学层次的多型必然以基因组 DNA 序列中相当长的核苷酸区段的变异为基础，因此上述一定数目的标记对于基因组的覆盖率相对较高；而 DNA 多型所涉及的可能是较长的核苷酸区段，也可能是涉及几个碱基就形成了"多型"，一定数目的标记对于基因组的覆盖率相对较低。

（3）目前，相当多的一部分关于 DNA 多型的研究并非以 DNA 测序为基础，而是以各种 DNA 指纹工艺为基础，由于这些工艺技术成熟水平上的原因（比如假带、影子带），不同实验室的结果往往难于对比，同一实验室也存在判别结果的重复问题，因而与其他层次的标记相比较，需要构建较大范围（有更多群体）的聚类结果。关于这一点，经常被 DNA 终生稳定性和精确性的讨论所掩盖，其实"DNA 多型的终生稳定性和精确性"与特定"DNA 标记检测工艺分析结果的不稳定性"是两回事。

当然，这些原因并不影响 DNA 多型研究的意义，也不否认非 DNA 编码区的变异对群体分化的效应。

第七章　群体结构与系统分化

对于存在多型（polymorphic）的基因座，各种等位基因并非是在全物种均匀分布的。同种家畜内品种间等位基因频率有很大差别，以致某个等位基因在特定品种中固定，另一种等位基因在另一品种中固定的情况，是畜牧业中的常见现象。全球的人类属于单一物种（*Homo sapiens*），而人种或种族之间一些多型基因座上等位基因频率时常表现出显著差别。同样的，野生动植物种内因分布地域也有普遍差异。

由于构成物种的群体的所有个体在生殖过程中不能完全均匀地混合（panmixia），导致基因频率的地域性差别或亚群间的不均匀性，就是群体的繁殖结构。存在这种现象，就认为物种的繁殖群体存在特定的结构。

对于生物种而言，群体存在一定的（某种）结构是一般情况。所谓"无结构"的群体，每代生殖过程中两性生殖细胞完全随机结合产生下一代群体，这种情况是少见的。例如实验室中繁殖的果蝇、濒危品种的保种群等等。

繁殖群体的结构化，导致群体内亚群间遗传分化的状态和分化程度，决定于基因库的混合力的大小及其分布的非均匀性，亦即亚群间个体的移动和混合。本章首先阐述决定基因库混合状态的几种个体移动的模型。

一、群体结构模型

举例 3 种有代表性的群体繁殖结构，如下所示。

（一）平面上连续分布模型

平面上连续分布模型（continuous distribution model）是指无限多的个体在无限大的面积上呈等间隔的格子状分布。在这种模型中，就任意个体而言，其他个体成为其交配对象的概率，取决于相互间在平面上的距离。近距个体间的概率高，远距个体间成为交配对象的概率低。由于个体的无限多，任意个体的交配对象也可能无限多。但是，事实上位于个体一生可能移动的距离以外位置上的其他个体，无疑属于另外的繁殖群体（图 7-1）。因而，远距的两个个体间，单纯由于距离的原因而形成的隔离现象，称为距离隔离。这说明了连续分布群体内部产生地域性遗传分化（local genetic differentiation）的机制。

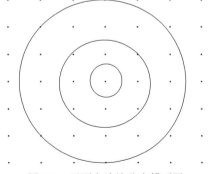

图 7-1　平面上连续分布模型图

Wright 提出：如以个体在平面上的分布密度为 d，各个体出生地与亲本出生地的平均距离为 0，方差为 σ^2，且服从正态分布，那么，任意个体所属群体的有效规模则为

$$N_e = 4\pi\sigma^2 \cdot d \tag{7.1}$$

亦即：对该个体而言，所属群体的有效规模是以该个体为中心，以 2σ 为半径的圆内所有个体数之和，这个圆内包含的个体群被（Wright）称为近邻（neighborhood）。

例 7-1　杜布赞斯基等发现一种虫媒花草本植物（desert snow），一般开白花，偶有兰花突变株，分布在美国加利福尼亚州莫哈佐沙漠。研究者在三个兰花植株较多的三个区域内每隔半米取样调查了兰花株的频率，发现就距离而言，兰花株频率的分布呈 V 形（两高峰之间有低频地段），这说明这是控制花色的基因座上基因频率的漂变和随机固定造成的现象。同样，这个事实说明，虽然这种植物以非常多的株数连续分布在大约 2000 平方英里（约 5180km^2）的范围内，但在繁殖（受粉）过程中配子并未完全配合。调查兰花株频率与两个抽样点之间距离的相关性的结果展示，距离近相关系数高，1.5 英里（约 2.4km）距离内抽样点的兰花株频率形成地理梯度。1.5 英里外的样本之间距离与兰花株的频率无关，可以认为 1.5 英里之外群落间基因结构无关系（亦即存在隔离）。研究者据此计算出该植物在莫哈佐沙漠的近邻有效规模为 15～45 个个体（植株）。

例 7-2　美国太平洋海岸保护动物（strix occidetalis）海鸥的繁殖结构是典型的平面上连续分布。Barrowclough 等（1985）估计了其群体的近邻有效规模。

他们在以公式（7.1）估计近邻个体数（以 N_c 代表）的基础上，以下述 3 种变量对估计值作了校正：①每对亲鸟育雏数的变异效应 F_{RS}；②世代重叠决定的 F_{gr}；③分布距离偏离正态分布的效应 F_k。

分布距离和分布密度的单位分别是千米（km）和雏鸟只数/km^2。校正后的公式为

$$N_e = N_c \cdot F_k \cdot F_{RS} \cdot F_{gr} = 4\pi d\sigma^2 \cdot F_k \cdot F_{RS} \cdot F_{gr} \tag{7.2}$$

野外调查结果：d=0.40 只/km^2，σ^2=48.86km^2。

3 个校正系数分别是①每对亲鸟育雏数：F_{RS}=0.66；②世代重叠效应：F_{gr}=0.72；③偏离正态分布效应：F_k=1.00。

因而，近邻有效规模修正值为

$$N_e = N_c \cdot F_k \cdot F_{RS} \cdot F_{gr} = 245.6 \times 1.00 \times 0.66 \times 0.72 = 116.71$$

（二）岛屿模型

岛屿模型（island model）可用来分析大陆与其周边岛屿生息的同一物种的群体结构。

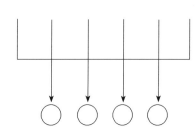

大陆群体是一个大的总体，各岛屿在每一世代接受一定比例来自总体的繁殖个体，这些个体可视为大陆总体的随机样本，这样维持岛屿群体。岛屿之间不存在直接的交流，各岛屿的群体之基因结构完全依存于大陆总体的基因结构（图 7-2）。

仅考虑大陆-岛屿之间的这种情况太过于局限，也有其他类似的情况：在狭窄领域内的散布着的岛屿之间，每代交换一定比例的繁殖个体，这个比例与岛-岛之间的

图 7-2　岛屿模型图

距离无关。在这种情况下在所有岛屿上生息着的全部个体构成了总体。

无论是上述何种形式，一个共同的特点是各岛屿群体之间基因成分的相似程度与

岛屿间的距离无关。不能发现基因频率分布的地理梯度（geographical cline）。岛屿上群体之间基因频率在随机误差范围内被视为相同的，或者有所差异对于岛的位置来说是随机的。

（三）2 级踏脚石模型

在 2 级踏脚石模型（2-dimensional stepping-stonemodel），与岛屿模型相同地存在轮廓清晰的亚群，与连续分布模型同样地存在由距离决定的隔离。因而，可以说这是一种亚群间显示出基因频率地理梯度性变化的模型。

在平面上，有效规模（N_e）相同的各亚群，呈等间距格子状排列。每一个亚群只跟其前、后、左、右的相邻亚群在每世代以 m 为比例发生繁殖个体交换，对于居于上述四个方位之一的特定相邻亚群而言，每代则只交换 $m/4$ 之比例（图 7-3）。因而，和连续分布模型相似，（相互）相隔一定位置以上的 2 个亚群之间发生显著的遗传分化；尽管这 2 个亚群之间的若干亚群顺次地保持着血缘上的连续性，但这两个亚群之成员，与分属于不同繁殖群体的成员间的关系无所差别。而所谓"相隔一定位置"是由各亚群的规模和相邻亚群之间个体交换率（移出、迁入比例）决定的因素。

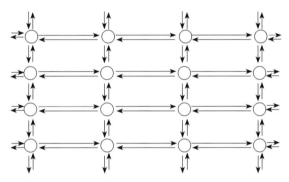

图 7-3　2 级踏脚石模型

这就是基于在平面上各亚群之排列所形成的 2 级踏脚石模型。还有 1 级踏脚石模型：沿着一个海岸线分布的部落群即是，每个亚群只有两个相邻亚群。也可以考虑 3 级踏脚石模型，因为有些生物的亚群存在立体性的排列。在 3 级踏脚石模型，每个亚群有 6 个（上、下、左、右、前、后）相邻亚群。

二、遗传分化的度量

无论是在岛屿模型和踏脚石模型中存在轮廓清晰的亚群的情形，还是在连续分布模型中不存在轮廓清晰的亚群的情形，在实际生物群体检测时往往要以地域为基础设定亚群，从中抽样检测基因频率，分析亚群间的分化。两个亚群间基因组成差异程度的定量描述，可以使用遗传距离的概念。这里只介绍 3 个以上亚群间遗传分化的度量方法。

（一）近交度的分解

设：F_{ST} 为从各亚群随机抽出的两个配子间的相关系数；$\bar{q}$ 为各亚群基因频率 q 的平

均值；σ_q^2 为各亚群基因频率的方差。

则有

$$F_{ST} = \frac{\sigma_q^2}{\bar{q}(1-\bar{q})} \tag{7.3}$$

F_{ST} 也就是亚群间亲缘关系程度的指标，其实质是随机从各亚群获得一对配子（或等位基因）间的相关系数。

近交系数其他度量指标有①F_{IT}：总体中组成任意个体的一对配子（或等位基因）间的相关系数；②F_{IS}：亚群中组成任意个体的一对配子（或等位基因）间的相关系数。

因此，F_{ST} 可以标志亚群间的遗传分化。

F_{IT}、F_{IS} 和 F_{ST} 存在以下关系：

$$1 - F_{IT} = (1 - F_{IS})(1 - F_{ST}) \tag{7.4}$$

F_{IT} 和 F_{IS} 被称为固定指数（fixation index），二者有可能为负值；F_{ST} 经常是非负数（non-negative）。

（二）分化指数

亚群体间遗传分化的另一个度量指标（从总的观察的角度出发，而不是两两之间）是"分化指数" G_{ST}，为说明此参数，我们先作出以下定义。

$\bar{H}_T$：总体的基因多样度的期望值，即从所有亚群（随机混合状态）所有基因座位，随机获得两个不同等位基因的平均概率。

$\bar{H}_S$：亚群体内的基因多样度，即从各亚群各座位随机获得两个不同等位基因的平均概率之均值。

$\bar{D}_{ST} = \bar{H}_T - \bar{H}_S$：亚群间基因多样度，即在每座位分别从不同亚群随机获得一对不同等位基因的平均概率。

$G_{ST} = \bar{D}_{ST} / \bar{H}_T$：亚群间基因多样度在总体基因多样度中占的比例，定义为总体内部各亚群间的分化指数。

第八章 系 统 分 类

根据品种在起源（origin）和系统演化（phylogeny）上的亲缘关系进行分类，称系谱分类或系统分类（phylogenetic classification）。系统分类是品种资源评价的基础。在品种资源保护和开发利用的实践上，其意义主要体现在四个方面：

第一，确定品种范围，判断畜群的品种归属性，以更有效地保种，避免重复或遗漏；

第二，估计某些特殊基因资源在特定品种或群体中潜在分布的可能性；

第三，根据起源系统判断不同品种中的相似性状由相同基因（或基因群）控制的可能性。减少进一步遗传分析的消耗，为制订保持、恢复或发展品种特性的规划提供客观依据；

第四，估计、分析品种的遗传共适应特点，预测杂交优势。

本章首先介绍遗传检测的抽样方法，继而简要陈述系统分类理论，在此基础上着重介绍有关系统分类的方法。

一、遗传检测的抽样方法

通常不可能、也没有必要用普查的方式来获得关于品种（或地域群）遗传标记特征频率分布的信息。以样本对作为总体的品种之特定标记的频率分布进行估计时，在既定的人力、物力条件下尽可能地减少抽样误差，提高估计值的可靠性和精确度，是正确地进行品种系统分类的前提。

多数遗传标记是基因或者以对偶形式存在于个体的其他遗传物质，因此本部分着重讨论基因频率的抽样估计问题。表型特征的频率分布参数，只要作规模减半的简单变换就可由之获得。

（一）几种抽样方法

1. 简单随机抽样

总体（品种、地域群等）中每个配子抽中的机会完全均等而不受任何因素干扰的抽样，就是基因频率的简单随机抽样（simple random sampling），也称纯随机抽样。

常洪（1989）用一般方法推导过基因频率简单随机抽样估计值和估计方差。

设：N 为总体规模（家畜个体数）；P 为总体实际特定等位基因频率；Q 为其他一切等位基因在总体的实际频率；n 为样本规模；p_s 和 q_s 为样本中相应的等位基因频率。

则总体的实际基因频率 P、Q 就是基因频率抽样估计值的期望值，即 $Ep_s=P$，$Eq_s=Q$。

就此而言，和前述关于遗传漂变的陈述是一致的，各样本频率的平均值是总体实际频率；当然，这个均数应以理论上 n 值一定的全部可能的样本为基础。

样本基因频率的方差为

$$V(p_s)=\frac{PQ}{2N}\left(\frac{N-n}{N-1}\right) \tag{8.1}$$

而由样本求出的基因频率的无偏估计量为

$$V(p_s) = \frac{p_s q_s}{2(n-1)} \left(\frac{N-n}{N} \right) \tag{8.2}$$

S. Wright 提供的公式，是一种理论化的计量，其估计值不是无偏的。

当抽样率极小以至相对于 N 而言，n 可忽略不计时，

$$V(p_s) = \frac{PQ}{2(N-1)} \tag{8.3}$$

2. 随机整群抽样

总体中各个包含若干配子的群单位，作为整体有均等机会进入样本，就形成基因频率的随机整群抽样（random cluster sampling）。如以品种为总体，这种抽样方式也可用以估计品种基因频率。

设： K 与 k 分别为总体（品种）和样本所包含的群数；$\overline{N_u}$、$\overline{n_u}$ 和 n_u 分别为总体、样本的平均每群头数和样本中第 u 群的头数；a_u 是样本第 u 群携带着特定等位基因的配子数；P、p_c 和 p_u 分别是品种、样本和样本第 u 群中特定等位基因的频率；并且有抽样率 $f = k/K$，以及样本中第 u 群的权 $W_u = n_u / \sum\limits_{u=1}^{k} n_u$。

则基因频率估计值是

$$Ep_e = \sum_{u=1}^{k} a_u / \sum_{u=1}^{k} n_u = W_u p_u \tag{8.4}$$

当样本中各群规模相等时，

$$Ep_c = \frac{1}{K} \sum_{u=1}^{k} p_u \tag{8.5}$$

基因频率估计误差（基因频率方差）为

$$V(p_c) = \frac{1-f}{k} \sum^{k} \left(\frac{n_u}{\overline{N}u} \right)^2 \frac{(p_u - P)^2}{K-1} \tag{8.6}$$

其样本估计值则是

$$V(p_c) = \frac{1-f}{k} \sum^{k} \left(\frac{n_u}{\overline{n}_u} \right)^2 \frac{(p_u - P)^2}{K-1} \tag{8.7}$$

显然，频率估计值及其方差的公式都和二项总体随机整群抽样的一般公式一致。因而，这些公式对于表型频率也适用。

3. 系统随机抽样

如果总体由基因频率可能存在某些差异的若干类别（系统、层次）构成，分别在各类别进行简单随机抽样再合并为总体样本，这种方式称基因频率的系统随机抽样（stratified random sampling）或分层随机抽样。

基因频率估计值是各类别基因频率简单随机抽样估计值以类别实际规模为权的平均

数，即

$$p_{st} = \frac{N_h p_h}{N} \qquad (h=1,2,\cdots,d) \qquad (8.8)$$

式中，N，N_h，p_h 分别代表品种规模、类别规模和类别的样本估计频率；h 为类别序；d 为品种包含的类别数。

基因频率估计误差为

$$V(p_{st}) = \sum \left(\frac{W_h^2 p_h q_h}{2(n_h-1)} \right)^2 (1-f_h) \qquad (8.9)$$

4. 系统随机整群抽样

由各类别分别进行随机整群抽样再合并为总体样本，这种方式称系统随机整群抽样（stratified random cluster sampling），也称为分层随机整群抽样。

如以 $P_{h\cdot c}$、n_{hu}、P_{hu} 分别代表第 h 类别（系统、层次）以随机整群抽样获得的基因频率估计值、第 h 类别第 u 群的（个体数）规模和第 h 类别第 u 群的基因频率，则系统随机整群抽样的全品种基因频率估计值为

$$p_{st\cdot c} = \frac{N_h P_{h\cdot c}}{N} \qquad (8.10)$$

其估计误差为

$$
\begin{aligned}
V(P_{st\cdot c}) &= \sum_{h=1}^{d} \left(\frac{N_h}{N} \right)^2 V(P_{h\cdot c}) \\
&= \sum_{h=1}^{d} \frac{N_h^2(1-f_h)}{K_h(K_h-1)N^2 \overline{n_{hu}}^2} \sum_{u=1}^{K_h} n_{hu}^2 \ (P_{hu}-P_{h\cdot c})^2
\end{aligned} \qquad (8.11)
$$

其频率估计值和方差的公式也可应用于表型频率。

（二）样本规模的影响

1. 样本规模与基因频率估计值精确度的一般关系

以下以简单随机抽样的规模为基础来简要地讨论抽样规模和基因频率估计值精确度的一般关系。在第二章我们已谈到，样本基因频率的分布近似于以总体实际基因频率为中值的正态分布。因此，根据基因频率抽样标准差

$$\sigma_p = \sqrt{\frac{PQ}{2n} \frac{N-n}{N-1}}$$ 以及标准偏差 $\lambda = \frac{p-P}{\sigma_P}$，

可得

$$n = \frac{\dfrac{PQ\lambda^2}{(p-P)^2}}{2 + \dfrac{1}{N}\left[\dfrac{PQ\lambda^2}{(p-P)^2} - 2 \right]} \qquad (8.12)$$

如果基因频率估计值所要求的可靠性已由标准偏差 λ 规定，对于总体实际基因频率

的特定数值而言，n 就是达到偏差（$p-P$）所标志的精确度所必需的最小抽样规模。然而，在品种遗传检测的实践中，更令人关注的不是估计值的绝对偏差，而是相对偏差即 $\eta=\dfrac{p-P}{P}$。所以，如以 ηp 取代（$p-P$）并要求

$$Pr\left\{\frac{|p-P|}{P}\geqslant\eta\right\}=Pr\left\{|p-P|\geqslant\eta P\right\}=\partial,$$

所必需的最小抽样规模则可表示为

$$n=\frac{Q/P\left(\dfrac{\lambda}{\eta}\right)^2}{2+\dfrac{1}{N}\left[Q/P\left(\dfrac{\lambda}{\eta}\right)^2-2\right]}\tag{8.13}$$

当总体规模很大，以至 $\dfrac{1}{N}$ 可忽略不计并且抽样估计的可靠性要求按通常的概率界限 0.9545（此时 $\lambda=2$）给定时，则有

$$n=\frac{2(1-P)}{\eta^2 P}\tag{8.14}$$

例 8-1　对于 0.05 的品种实际基因频率，如果要求 95%以上的样本基因频率不偏离其 0.5 倍（即不小于 0.025，不大于 0.075），所必需的最小抽样规模为 152 头。

据此可得在 0.9545 的可靠性水准下基因频率抽样估计值精确度与最小样本规模的关系（表 8-1）。

以上是以简单随机抽样为基础所作的陈述，抽样基因频率 P、基因频率标准差 σ_p、基因频率标准偏差 λ，按照前文的规定可相应地分别写为 P_S、σ_{F_S}、λ_S，为醒目起见作了简略。

表 8-1　估计精确度与抽样规模的关系

基因频率	相对偏差									
	0.1	0.2	0.3	0.4	0.5	0.6	0.7	0.8	0.9	1.0
0.01	19 800.00	4 950.00	2 200.00	1 237.50	792.00	550.00	404.08	309.37	244.44	198.00
0.02	9 800.00	2 450.00	1 088.89	611.50	392.00	272.22	200.00	153.12	120.99	98.00
0.03	6 466.67	1 616.67	718.52	404.17	258.67	179.63	131.97	101.04	79.84	64.67
0.04	4 800.00	1 200.00	533.33	300.00	192.00	133.33	97.96	75.00	59.62	48.00
0.05	3 800.00	950.00	422.22	237.50	152.00	105.56	77.55	59.38	46.91	38.00
0.06	3 133.33	783.33	348.15	195.83	125.33	87.04	63.95	48.96	38.68	31.33
0.07	2 657.14	664.29	295.24	166.07	106.29	73.81	54.23	41.52	32.30	26.57
0.08	2 300.00	575.00	255.56	143.75	92.00	63.89	46.94	35.94	28.40	23.00
0.09	2 022.22	505.56	224.69	126.39	80.89	56.17	41.27	61.60	24.97	20.22
0.10	1 800.00	450.00	200.00	112.50	72.00	50.00	36.73	28.13	22.22	18.00
0.20	800.00	200.00	88.89	50.00	32.00	22.22	16.33	12.50	9.88	8.00
0.30	466.67	116.67	51.85	29.17	18.67	12.96	9.52	7.29	5.67	4.67
0.40	300.00	75.00	33.33	18.75	12.00	8.33	6.12	4.69	3.70	3.00
0.50	200.00	50.00	22.22	12.50	8.00	5.56	4.08	3.12	2.47	2.00

2. 样本规模与基因频率估计值可靠性的一般关系

对于品种基因频率的既定值而言，相对偏差在限定范围内的样本的概率为

$$\beta = Pr\{a \le \beta \le b\} = \int_a^h \varphi(\lambda)\mathrm{d}\lambda \qquad (8.15)$$

当相对偏差以 0.5 为限，品种对于样本而言规模极大时，

$$\lambda = \frac{\eta P}{\sigma_p} = \sqrt{\frac{0.5nP}{Q}}, \text{ 并且有}$$

$$\beta = Pr\left\{ -(0.5P)^{\frac{1}{2}}Q^{-\frac{1}{2}}n^{\frac{1}{2}} \le \lambda \le (0.5P)^{\frac{1}{2}}Q^{-\frac{1}{2}}n^{\frac{1}{2}} \right\}$$

$$= \int_0^{(0.5P)^{\frac{1}{2}}Q^{-\frac{1}{2}}n^{\frac{1}{2}}} \frac{2}{\sqrt{2\pi}} \mathrm{e}^{\frac{-\lambda^2}{2}} \mathrm{d}\lambda \qquad (8.16)$$

例 8-2　对于 0.1、0.05、0.02 以及 0.01 的实际基因频率，抽样规模分别为 200、150、100 和 70（个体）时，基因频率估计值的可靠性见表 8-2、图 8-1。

表 8-2　样本规模与基因频率估计值可靠性关系

P \ β \ n	200	150	100	70
0.10	0.999 14	0.996 11	0.981 58	0.951 39
0.05	0.978 22	0.953 06	0.895 24	0.825 30
0.02	0.846 87	0.787 98	0.687 58	0.601 98
0.01	0.685 12	0.615 91	0.522 71	0.447 88

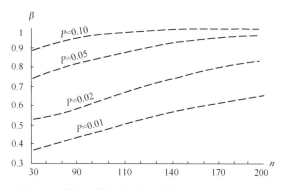

图 8-1　样本规模与纯随机抽样估计可靠性的关系

对于 0.10 的实际基因频率，抽样规模达到 70 头，估计值就是可靠的；而对于 0.05 的实际基因频率，抽样规模达到 150 头才可能作出可靠的估计。

据此可得相对偏差以 0.5 为限时样本规模与基因频率抽样估计值可靠性关系的表（表 8-3）。

表 8-3　抽样规模与估计可靠性的关系

基因频率	样本规模										
	50	60	70	80	90	100	110	120	130	140	150
0.01	0.366 9	0.418 0	0.427 8	0.454 0	0.478 1	0.522 7	0.521 1	0.563 7	0.582 2	0.599 5	0.591 6
0.02	0.524 9	0.542 7	0.577 9	0.633 7	0.637 3	0.685 7	0.685 7	0.731 4	0.726 0	0.767 9	0.760 0
0.03	0.620 7	0.639 8	0.676 9	0.733 8	0.737 5	0.786 2	0.807 7	0.804 2	0.843 6	1.858 6	0.851 3
0.04	0.667 6	0.736 3	0.772 7	0.803 1	0.823 9	0.829 5	0.869 7	0.866 7	0.900 0	0.895 1	0.922 7
0.05	0.748 5	0.790 9	0.825 1	0.831 7	0.856 1	0.876 5	0.893 8	0.924 2	0.935 4	0.944 9	0.940 7
0.06	0.793 3	0.833 4	0.844 2	0.870 8	0.892 4	0.910 1	0.938 8	0.936 8	0.958 2	0.965 3	0.971 2
0.07	0.829 7	0.866 9	0.876 7	0.900 5	0.934 1	0.934 5	0.957 9	0.966 3	0.972 9	0.978 1	0.975 8
0.08	0.859 5	0.893 5	0.918 7	0.923 4	0.939 6	0.952 2	0.962 1	0.977 5	0.982 4	0.986 3	0.989 2
0.09	0.864 6	0.614 8	0.937 0	0.941 0	0.964 8	0.973 7	0.973 1	0.979 2	0.988 7	0.991 4	0.993 5
0.10	0.886 4	0.616 9	0.938 8	0.954 6	0.966 2	0.974 7	0.981 0	0.990 1	0.989 2	0.994 6	0.993 8
0.20	0.587 5	0.993 8	0.995 0	0.997 3	0.999 2	0.999 6	0.999 6	0.999 8	0.999 8	0.999 9	1.000
0.30	0.998 9	0.999 3	0.999 8	1.000	1.000	1.000	1.000	1.000	1.000	1.000	1.000
0.40	0.999 9	1.000	1.000	1.000	1.000	1.000	1.000	1.000	1.000	1.000	1.000
0.50	1.000	1.000	1.000	1.000	1.000	1.000	1.000	1.000	1.000	1.000	1.000

基因频率	样本规模										
	160	170	180	190	200	250	300	350	400	450	500
0.01	0.606 8	0.621 2	0.659 6	0.872 6	0.660 2	0.714 1	0.781 5	0.793 3	0.844 6	0.868 1	0.868 7
0.02	0.798 5	0.812 0	0.824 5	0.836 0	0.846 7	0.870 6	0.919 6	0.941 0	0.956 5	0.967 7	0.967 9
0.03	0.884 1	0.894 9	0.904 6	0.913 3	0.921 2	0.950 5	0.968 6	0.979 9	0.987 0	0.987 7	0.994 5
0.04	0.916 9	0.940 0	0.934 0	0.953 2	0.947 3	0.963 7	0.987 5	0.989 6	0.993 8	0.992 8	0.997 8
0.05	0.959 7	0.955 3	0.970 3	0.966 2	0.978 1	0.989 6	0.992 3	0.997 5	0.997 9	0.999 4	0.998 7
0.06	0.968 0	0.972 9	0.883 3	0.986 1	0.988 4	0.992 6	0.998 0	0.999 1	0.999 3	0.999 8	0.999 9
0.07	0.985 7	0.933 5	0.986 5	0.992 4	0.993 8	0.996 4	0.998 6	0.999 4	0.999 3	0.999 8	1.000
0.08	0.991 6	0.993 4	0.992 0	0.993 6	0.996 8	0.999 0	0.999 7	0.999 6	0.999 9	1.000	1.000
0.09	0.995 0	0.994 0	0.997 1	0.997 8	0.897 1	0.999 1	0.999 9	0.999 9	1.000	1.000	1.000
0.10	0.995 3	0.996 4	0.997 3	0.998 8	0.998 4	0.999 8	0.998 9	1.000	1.000	1.000	1.000
0.20	1.000	1.000	1.000	1.000	1.000	1.000	1.000	1.000	1.000	1.000	1.000
0.30	1.000	1.000	1.000	1.000	1.000	1.000	1.000	1.000	1.000	1.000	1.000
0.40	1.000	1.000	1.000	1.000	1.000	1.000	1.000	1.000	1.000	1.000	1.000
0.50	1.000	1.000	1.000	1.000	1.000	1.000	1.000	1.000	1.000	1.000	1.000

3. 整群抽样时样本规模的影响

设：d 为总体划分出的类别（系统、层次）数，并将随机整群抽样视作 $d=1$ 的特殊的系统，随机整群抽样；Q 为标准离散度，$Q = \sqrt{\sum_{1}^{d} S^2_{hu} / p}$，即各类别内的群间标准差平方和的方根与总体实际基因频率的比值；各类别规模相同，即 $N_1=N_2=\cdots=N_d$；各类别抽样率相同。

则由

$$V(P_{st \cdot c}) = \sum_{h=1}^{d} \left(\frac{N_h}{N} \right)^2 V(P_{h \cdot c}) = \frac{1}{d^2} \sum_{h=1}^{d} V(P_{h \cdot c})$$ 和

$\lambda_{st \cdot c} = \eta p / \sigma at \cdot c$ 可得

$$k = \frac{Q^2 \lambda_{st \cdot c}^2}{d \eta^2} \tag{8.17}$$

式中，η 是研究（调查、检测）所允许的相对偏差；$\lambda_{st \cdot c}$ 则是与 η 相对应的标准偏差，这里的足码 $st \cdot c$ 表示系统随机整群抽样的参数，以区别于其他。

由之可得

$$\lambda_{st \cdot c} = \frac{n}{Q} \sqrt{dk}\ ,$$

当限定 $\eta \leqslant 0.5$ 时，

$$\lambda_{st \cdot c} = \frac{1}{2Q} \sqrt{dk} \tag{8.18}$$

式中，k 是各系统的总抽样群数。

公式（8.18）中的 $\lambda_{st \cdot c}$ 就是相对偏差在 0.5 以下的样本在样本频率正态分布横坐标（两侧）所包括的标准差单位，其对应的正态曲线下的面积 $\eta = 0.5$ 时，抽样估计值的可靠性（表 8-4）为

$$\beta_{st \cdot c} = Pr \left\{ -(dk)^{\frac{1}{2}} 2Q^{-1} \leq \lambda_{st \cdot c} \leq (dk)^{\frac{1}{2}} 2Q^{-1} \right\} \tag{8.19}$$

表 8-4　必抽群数（k）与系统随机整群抽样估计可靠性（$\beta_{st \cdot c}$）及标准离散度（θ）的关系

d	θ	$\beta_{st \cdot c}$ / k 1	4	7
1	0.4	0.789 6	0.987 5	0.999 0
	0.7	0.524 9	0.846 8	0.941 1
	1.5	0.261 1	0.495 0	0.622 1
3	0.4	0.962 2	0.986 6	0.998 9
	0.7	0.783 9	0.986 6	0.998 9
	1.5	0.436 3	0.751 5	0.873 3

又当相对偏差以 $\eta \leq 0.5$ 为限，抽样估计值的可靠性按通常的概率界限 0.954 5（$\lambda_{st \cdot c} = 2$）规定时，各系统的必需抽样总群数为

$$K = 16\theta^2 / d \tag{8.20}$$

据公式（8.20），并作大于 0 进为 1 的取整数处理，可得表 8-5、图 8-2。表 8-5 说明品种内客观存在的标准离散度越大（也就是群间差异越大），达到相同可靠性和精确度所必需的抽样群数越多。这也说明系统划分越细，越有助于缩减抽样总群数。

表 8-5　必抽群数（k）与标准离散度（θ）的关系

k＼θ d	0.1	0.2	0.3	0.4	0.5	0.6	0.7	0.8	0.9	1.0	1.1	1.2	1.3	1.4	1.5	2.0	2.5	3.0
1	1	1	2	3	4	6	8	11	13	16	20	24	28	32	36	64	100	144
2	1	1	1	2	2	3	4	6	7	8	10	12	18	16	18	32	50	72
3	1	1	1	1	2	2	3	4	5	6	7	8	10	11	12	22	34	48
4	1	1	1	1	1	2	2	3	4	4	5	6	7	8	9	16	25	36
5	1	1	1	1	1	2	2	3	3	4	4	5	6	7	8	13	20	29

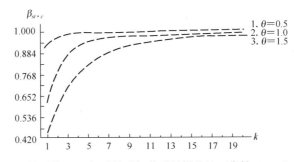

图 8-2　抽样群数（k）与系统随机整群抽样估计可靠性（$\beta_{st \cdot c}$）的关系

（三）不同抽样方法的比较

1. 4 种方法的精确度

为了对简单随机抽样、随机整群抽样、系统随机抽样和系统随机整群抽样进行比较，作如下规定：

（1）以描述抽样估计精确度的指标之一、抽样方差的倒数即 $1/V$ 作为比较的基础；其他 3 种方法和简单随机抽样 $1/V$ 的比值，定义为各自的相对精确度。

（2）以 4 种方法分别从具有以下标准条件的总体（品种或其他种群）中抽样——总体中各系统的规模 N_h 相等，各系统所含群数 K_h 相等，总体中所有小群的规模 n_u 相等，因而各系统的权 W_h 也相等，各系统（群或个体）的抽样率 f_h 相等。

（3）N、K 分别代表总体规模和群数；S_T^2、S_b^2、S_u^2 分别代表基因频率的总均方、系统内均方和群间均方；P、P_h 和 P_{hu} 分别代表全品种、第 h 系统、第 h 系统第 u 群的基因频率。

那么，在各抽样方法抽样规模相等时的相对精确度以及其他 3 种方法达到简单随机抽样同一精确所必需的抽样规模见表 8-6。

表 8-6 抽样估计的相对精确度

抽样方法	方差（无偏估计）	相对精确度	精确度与简单随机抽样相等时的规模	提要
简单随机抽样	$\dfrac{pq}{2(n-1)}\left(\dfrac{N-n}{N}\right)$	1	n	
随机整群抽样	$\dfrac{1-f}{k}\sum\limits^{k}\left(\dfrac{n_u}{n_u}\right)^2\dfrac{(p_u-P)^2}{k-1}$	$\dfrac{S_T^2}{S_u^2}$	$n'=\dfrac{nS_u^2}{S_T^2}$	总均方和群间均方之比值
系统随机抽样	$\sum\dfrac{W_h^2 P_h Q_h}{2(n_h-1)}(1-f_h)$	$\dfrac{S_T^2}{\sum W_h S_h^2}$	$n'=\dfrac{n\sum W_h S_h^2}{S_T^2}$	总均方与平均系统内均方之比值
系统随机整群抽样	$\sum\limits_{h=1}^{d}\left(\dfrac{N_h}{N}\right)^2 V(P_{h\cdot c})$	$\dfrac{S_T^2}{2n_u S_h^2}$	$n'=\dfrac{n\cdot 2n_u S_h^2}{S_T^2}$	总均方与 2 倍群含量乘以系统内均方之比值

对于家畜品种、特别是地方家畜品种来说，群间均方 S_u^2 通常比总均方 S_T^2 大得多，所以随机整群抽样的相对精确度小于 1。

系统随机抽样的相对精确度是

$$\frac{V(P_s)}{V(P_{st})}=\frac{\dfrac{(1-f)}{2n}\left[\sum W_h S_h^2 + \sum W_h(P_h-P)^2\right]}{\sum W_h S_h^2 \cdot \dfrac{(1-f)}{2n}} \tag{8.21}$$

因为 $\sum W_h(P_h-P)^2 \geqslant 0$，所以 $V(P_s)/V(P_{st})>1$。

这就是说，除非各系统基因频率毫无差异，系统随机抽样的相对精确度永远大于 1。

在系统间差异较大（系统内群间相对较一致）、群多而含量较小时，系统随机整群抽样的相对精确度较高。虽然往往 $S_T^2 > S_h^2$，但相对而言 $2n_u$ 是一个大得多的数，所以其相对精确度一般小于 1。

2. 两种整群抽样方法的对比

如果以 SS_T、SS_h 分别代表基因频率的全品种总平方和与系统间平方和，则在抽样规模相等时，随机整群抽样和系统随机整群抽样的相对精确度之比为

$$\frac{V(P_c)}{V(P_{st\cdot c})}=\frac{(k-d)SS_T}{(k-1)SS_h}=\frac{S_T^2}{S_h^2}$$

比值等于总均方与系统内均方之比，其值显然大于 1。

如果分别以 k' 和 k 代表系统随机整群抽样和随机整群抽样精确度相等时的抽样群数，则

$$\frac{S_h^2}{k}=\frac{S_T^2}{k'}, \quad 因而\frac{k'}{k}=\frac{S_T^2}{S_h^2}。$$

即当系统随机整群抽样和随机整群抽样的样本规模（群数）之比恰与总均方和系统间均方之比相等时，两者有相同的抽样估计精确度。如前所述，通常 S_T^2 大得多，所以系统随机整群抽样所需的规模相对较大。

系统随机整群抽样和随机整群抽样基因频率估计值的标准差各为

$$\sigma p_{st\cdot c} = \sqrt{V(P_{st\cdot c})} = \sqrt{S_h^2/k},$$

$$\sigma p_c = \sqrt{V(P_c)} = \sqrt{S_T^2/k},$$

因而，在同等相对偏差水准下有

$$\lambda_{st\cdot c} = \sqrt{\frac{S_h^2}{S_T^2}} \lambda_c \tag{8.22}$$

所以，系统随机整群抽样与随机整群抽样基因频率估计值可靠性的比值为

$$\beta_{st\cdot c} : \beta_c = Pr\left\{-\sqrt{\frac{S_h^2}{S_T^2}}\lambda_c \leqslant \lambda \leqslant \sqrt{\frac{S_h^2}{S_T^2}}\lambda_c\right\} : Pr\{-\lambda_c \leqslant \lambda \leqslant \lambda_c\} \tag{8.23}$$

以下是比较两种整群抽样方法以及简单随机抽样的一个实例。

例 8-3　某黄牛品种 B 型血红蛋白基因频率的分布见表 8-7。

表 8-7　某黄牛品种 B 型血红蛋白基因频率的分布表

系统	I				II			III	
系统规模 N_h	268 913				157 427			216 591	
群别	1	2	3	4	1	2	3	1	2
群规模 n'_{hu}	20	10	31	23	47	14	18	28	28
群频率 P_{hu}	0.125	0.250	0.146	0.087	0.075	0.072	0.028	0.018	0.054
系统频率 P_h	0.137				0.064			0.036	
品种频率 P	0.085								

各系统内的方差为

$$V(P_{c\cdot\mathrm{I}}) = \frac{1}{4\times3}\left[\left(\frac{20}{21}\right)^2(0.125-0.137)^2 + \cdots + \left(\frac{23}{21}\right)^2(0.087-0.137)^2\right]$$

$$=0.0005168$$

$$V(P_{c\cdot\mathrm{II}}) = \frac{1}{3\times2}\left[\left(\frac{47}{26.3}\right)^2(0.075-0.064)^2 + \cdots + \left(\frac{18}{26.3}\right)^2(0.028-0.064)^2\right]$$

$$=0.0001686$$

$$V(P_{c\cdot\mathrm{III}}) = \frac{1}{2}\left[(0.018-0.036)^2 + (0.054-0.036)^2\right] = 0.0003240$$

系统随机整群抽样方差为

$$V(P_{st\cdot c}) = \left(\frac{268913}{642931}\right)^2 0.0005186 + \cdots + \left(\frac{216591}{642931}\right)^2 0.0003240 = 0.0001371$$

全品种的 B 型血红蛋白基因频率系统随机整群抽样估计值（相对偏差 $\eta \leqslant 0.5$）的可靠性为

$$\beta_{st \cdot c} = Pr\left\{ -0.5 \times .0085 \times 0.0001373^{-\frac{1}{2}} \le \lambda \le 0.5 \times 0.085 \times 0.0001373^{-\frac{1}{2}} \right\}$$

$$= \int_0^\lambda \frac{2e^{-\frac{\lambda}{2}}}{\sqrt{2\pi}} d\lambda \approx 1.0000$$

而合并群体总群间均方估计值是

$$S_u^2 = \frac{1}{9-1}\left[\left(\frac{20}{24.3}\right)^2 (0.125-0.185)^2 + \cdots + \left(\frac{28}{24.3}\right)^2 (0.054-0.085)^2 \right] = 0.0026505$$

在抽样总头数相同（$K=9$）时，随机整群抽样方差为

$$V(P_c) = 0.00265059 \div 9 = 0.0002945$$

在抽样总群数相同（$n=219$）时，简单随机抽样方差为

$$V(P_s) = \frac{0.085(1-0.085)}{2 \times 218} = 0.0001784$$

因而，相对偏差 $\eta \le 0.5$ 时，随机整群抽样的可靠性 $\beta_c=0.9867$，简单随机抽样的可靠性 $\beta_s=0.9985$，可得表 8-8。

表 8-8 　两种整群抽样以及简单随机抽样的可靠性

抽样方法	精确度（$1/V$）	可靠性（β）	以 $V(P_{st \cdot c})$ 为准的必需抽样规模
$st \cdot c$	$1.373^{-1} \times 10^4$	1.000 0	$\hat{k}=9, n=219$
C	$2.945^{-1} \times 10^4$	0.986 7	$\hat{k}=19.3$
$st \cdot c/c$	2.144 9	1.013 5	0.47
s	$1.784^{-1} \times 10^4$	0.998 5	$N=283.23$
$st \cdot c/s$	1.299 3	1.001 5	0.77

在本例特定条件下，系统随机整群抽样的效率不仅高于随机整群抽样，而且高于简单随机抽样。

（四）关于抽样的实施

根据总体群体结构与环境背景的已知特点，以尽可能少的人力和经济消耗获得尽可能全面、精确和可靠的遗传检测结果，是实施抽样的第一个关键环节。

我国绝大多数固有品种是地方品种。内部一般存在着以分布地域为基础的系统划分，与邻地畜群没有清晰的界限。在品种的中心分布区域分系统进行随机整群抽样，一般地说，是可行而且有效率的。这种实施方式称为"中心产区系统随机整群抽样"。

目前有一些正在衰减的地方品种，分布区域往往被分隔，中心产区可能已不复存在。因品种保护的实际需要而进行的抽样检测，应根据具体情况采用不同的实施方式。

（1）如果全品种被分割为若干个分布地域不连续的系统，在各系统内仍可用随机整群或者典型群抽样方法构成样本，再（以系统实际规模为权）合并为全品种的样本。因

而在这种条件下可能形成 3 种实施方式，即系统随机整群抽样、系统典型群抽样和系统（随机化与典型群）混合抽样。从统计学的角度来说，典型群抽样是整群抽样方式的一种，其均数和方差的结构理论上和随机化的整群抽样相同。但典型择取容易掺入非客观因素以致使检测结果出现系统误差。

（2）如果品种衰减已成小群体零星分布之势，全品种的随机整群或典型群抽样就将是适宜的。

只有品种集中为规模有限、个体数清楚的少数几个畜群时，以个体为单位进行抽样，即采用简单随机或系统随机抽样才是恰当的。

此外，根据检测目的确定需要预报的最低基因频率，根据最低基因频率和抽样方式设计样本结构和必需规模，根据这些情况和畜群的环境背景以及人力来计划实施路线、程序，都是家畜品种遗传检测的抽样工作环节。

二、分类依据

（一）各种遗传标记的作用

群体间遗传本质的差别和相似是品种系统分类的基本依据。而在目前的技术条件下，这种差别和相似只能根据各类遗传标记特征来进行局部的估计。

不同的遗传标记和自然选择、人工选择的效应有不同的关系。如果把选择强度变化的起点延伸到 0，也可以说，不同的遗传标记受到不同强度的选择，因而在标记群体起源系统上有不同的意义。

如前所述，限制性片段长度多态性（RFLP）、血型、血液蛋白和酶的多态性，一般在选择上是中立性的。这些遗传标记特征极少受自然选择的作用，更没有成为选种的目标。目前所知，其与经济性状之间不存在稳定、系统化的关系，因而也没有受到选种的间接影响。所以，这些遗传标记可以成为追寻物种以下群体起源的可靠根据。

染色体特征是多方面的，其中一部分与适应有不同程度的关系，间接地受到选种的作用，因而其群体分布特点往往带有育种史的印记。

家畜的多数形态学遗传标记，除了和种源有关之外，还涉及品种演化的社会经济、文化背景，完全可以用于育种史的追溯、分析。

（二）群体间相似性度量的基本数学根据

为了描述分类单位（样本）间的接近程度，可以用各种不同的方法来度量，主要采用的相似性度量分为两大类：距离和相似系数。样本间越接近，其距离越小，相似系数越大。

1. 距离

用 d_{ij} 表示第 i 和第 j 个样本间的距离，它应满足：①$d_{ij} \geqslant 0$；②d_{ij} 越小，样本间越接近；③$d_{ij}=d_{ji}$；④$d_{ij}=0$，表示第 i 和第 j 样本恒等；⑤$d_{ij} \leqslant d_{ik}+d_{kj}$。
常用的距离有 4 种。

（1）欧几里得（Euclid）距离。

① 欧氏绝对距离：
$$d_{ij} = \sum_{k=1}^{n} \left[\left(X_{ik} - X_{jk} \right)^2 \right]^{\frac{1}{2}} \tag{8.24}$$

② 欧氏相对距离：
$$d_{ij} = \left[\frac{1}{n} \sum_{k=1}^{n} \left(X_{ik} - X_{jk} \right)^2 \right]^{\frac{1}{2}} \tag{8.25}$$

（2）绝对值距离。
$$d_{ij} = \sum_{k=1}^{n} \left| X_{ik} - X_{jk} \right| \tag{8.26}$$

（3）明考斯基（Minkowski）距离。
$$d_{ij} = \left(\sum_{k=1}^{n} \left| X_{ik} - X_{jk} \right|^r \right)^{\frac{1}{r}} \quad (r \geqslant 1) \tag{8.27}$$

当 $r=1$ 时，即为绝对值距离；

当 $r=2$ 时，即为欧氏绝对距离；

当 $r=\infty$ 时，即为切比雪夫距离。

（4）马氏（P. C. Mahalanobis）距离。

这是为了消除指标间的相关性而采用的距离：
$$d_{ij} = \sqrt{(X_{i.} - X_{j.})^T \cdot C^{-1} \cdot (X_{i.} - X_{j.})} \tag{8.28}$$

式中，$X_i.$ 和 $X_j.$ 为向量，其中 $X_i.=(X_{i1}, X_{i2}, \cdots, X_{ik}, \cdots, X_{in})$，$X_j.=(X_{j1}, X_{j2}, \cdots, X_{jk}, \cdots, X_{jn})$，$X_i.-X_j.=(X_{i1}-X_{j1}, X_{i2}-X_{j2}, \cdots, X_{ik}-X_{jk}, \cdots, X_{in}-X_{jn})$；$C$ 为样本集 X 的协方差矩阵，其元素为
$$C_{ij} = \frac{1}{m-1} \cdot \sum_{k=1}^{m} \left[(X_{ki} - \overline{X}_{\cdot i}) \cdot (X_{kj} - \overline{X}_{\cdot j}) \right] \tag{8.29}$$

马氏距离具有规范化不变性，不论采用何种线性变换，使用何种单位表示指标，马氏距离具有相同的数值。当指标不相关且数据集进行了标准化，马氏距离就是其欧氏绝对距离，因为此时协方差矩阵 C 为单位矩阵。

2. 相似系数

相似系数是描述样本间相似性程度的另一个统计量，用 r_{ij} 表示第 i 和第 j 个样本间的相似系数，它应满足：① $\left| r_{ij} \right| \leqslant 1$；② $r_{ij}=r_{ji}$；③ $r_{ij}=\pm 1$ 时，表示 $X_{ik}=aX_{ik}$，$a \neq 0$，a 为常数。

当 $\left| r_{ij} \right|$ 越接近 1，两样本越相似；越接近 0，则越疏远。

常用的相似系数有 2 种。

（1）向量夹角余弦。
$$r_{ij} = \frac{\sum_{k=1}^{a} X_{ik} \cdot X_{jk}}{\left[\sum_{k=1}^{n} X_{ik}^2 \cdot \sum_{k=1}^{n} X_{jk}^2 \right]^{\frac{1}{2}}} \tag{8.30}$$

r_{ij} 表示 n 维空间向量 $X_i.$ 和 $X_j.$ 之间的夹角 α 的余弦：$r_{ij}=\cos\alpha$，样本 i 和样本 j 相似性

越大，夹角 α 越小，r_{ij} 则越大。

（2）相关系数。

$$r_{ij} = \frac{\sum\limits_{k=1}^{a}(X_{ik} - \overline{X}_{i\cdot}) \cdot (X_{jk} - \overline{X}_{j\cdot})}{\left[\sum\limits_{k=1}^{n}(X_{ik} - \overline{X}_{i\cdot})^2 \cdot \sum\limits_{k=1}^{n}(X_{jk} - \overline{X}_{j\cdot})^2\right]^{\frac{1}{2}}} \tag{8.31}$$

相关系数 r_{ij} 是原始数据中心化后的向量夹角余弦。

3. 根井正利定义的遗传距离

设：X_i、Y_i 为群体 X、Y 中某位点第 i 个等位基因的频率；$j_x = \sum X_i^2$、$j_y = \sum Y_i^2$、$j_{xy} = \sum X_i Y_i$ 为在群体 X、Y 以及在两群体随机获得相同等位基因的概率；J_x、J_y、J_{xy} 为在群体 X、Y 以及在两群体的各位点随机获得相同等位基因的平均概率，分别为 j_x、j_y、j_{xy} 的算术均数，如 $J_x = \sum\limits_{k=1}^{n} j_x / n$；$J_x'$、$J_y'$、$J_y'$ 为定义同上，但分别为 j_x、j_y、j_{xy} 之几何均数，如 $J_x' = \sqrt[n]{j_{x_1} \cdot j_{x_2} \cdots \cdot j_{x_n}}$；$D_{x(m)}$、$D_{y(m)}$、$D_{xy(m)}$ 为在群体 X、Y 以及在两群体的各位点随机获得的不同等位基因的平等概率，亦即从群体中随机获得的两个等位基因之间每位点平均密码子差数的最低估计值：$D_{x(m)}=1-J_x$，$D_{y(m)}=1-J_y$，$D_{xy(m)}=1-J_{xy}$；D_x、D_y、D_{xy} 为在群体 X、Y 以及在两群体的各位点随机获得的两个等位基因之间平均密码子差数的（一般）估计值：$D_x=-\ln J_x$，$D_y=-\ln J_y$，$D_{xy}=-\ln J_{xy}$；D_x'、D_y'、D_{xy}' 为在群体 X、Y 以及两群体的各位点随机获得的两个等位基因之间每个位点平均密码子差数的（最高）估计值：$D_x'=-\ln J_x'$，$D_y'=-\ln J_y'$，$D_{xy}'=-\ln J_{xy}'$。

关于 X、Y 间基因一致度的两种估计：

① I 为 X、Y 之间正规化基因一致度，$I = \dfrac{J_{xy}}{\sqrt{J_x \cdot J_y}}$；

② I' 为 X、Y 之间（低估）基因一致度，$I' = \dfrac{J_{xy}'}{\sqrt{J_x' \cdot J_y'}}$。

群体间遗传距离的三种估计值：

① 最小遗传距离为

$$D_m = D_{xy(m)} - [D_{x(m)} + D_{y(m)}]/2; \tag{8.32}$$

② 标准遗传距离为

$$D = D_{xy} - [D_x + D_y]/2; \tag{8.33}$$

③ 最大遗传距离为

$$D' = D_{xy}' - [D_x' + D_y']/2。 \tag{8.34}$$

三、分类方法

生物分类学历史悠久，源远流长，分类描述了上百万种物种。家畜品种丰繁，品种资源的分类则是更高阶层的分类。根据家畜品种的性质或特征（亦即标记）的内在相似性，对家畜品种分组归类的一系列方法，在分类学上总称为聚类分析（cluster analysis）。聚类分析是研究如何将一组样本（对象、指标）按照一定的规则分成若干类别，并使类之间的差别尽可能地大，类内的差别尽可能地小的一种多元统计分析方法，换句话说，使类间的相似性最小而类内的相似性最大。当研究的对象缺乏描述信息或无法组织成任何分类模式时，聚类分析可根据样本数据发现规律，从而找出全体数据的描述。在聚类分析前一般并不知道要将总体划分成几个类和什么样的类，也不知道根据哪些数据来定义类。在具体应用中，专业经验丰富的研究者应该可以理解这些类的含义。如果产生的聚类结果无法给予合理的解释，则该聚类可能是无意义的，需要回到原始阶段重新组织数据。聚类分析根据分类对象不同分为样品聚类和变量聚类，统计学上分别称之为 Q 型聚类和 R 型聚类。聚类分析按数学理论基础不同可分为经典聚类分析和模糊聚类分析。经典聚类分析中常用的有系统聚类分析和动态聚类（逐步聚类）分析，后者在 SPSS 和 SAS 软件中又可称为快速聚类。聚类分析在家畜遗传育种中的应用主要体现在两方面。

第一，揭示多性状之间的关系，指导育种。

对家畜品种全部目标性状进行聚类分析，通过聚类图清楚地了解、分析各目标性状之间的关系，为育种决策提供重要的参考信息。聚为一类者划到同一品系里去同时考虑。而不同类者可放入同一品系或不同品系，这样有助于更有效地发挥品种之间的杂种优势，得到最佳繁育效果。

第二，揭示品种/群体之间的遗传关系，进行系统分类。

聚类分析是研究如何将一组样本（对象、指标）分成类内相近，类间有别的若干类群的一种多元统计分析方法。聚类分析可以根据形态、体尺、生态学资料或者各种生化、分子遗传学标记研究数据来对群体或种群进行宏观和微观分类，探讨品种的起源进化。聚类分析作为重要的研究手段已贯穿于各种家畜不同层次数据资料的处理之中。

（一）经典聚类分析

经典系统聚类方法可以将一个品种集划分成若干聚类，大类包含个类，大类通过合并小类而得到，分类结果是把一个品种集分成不同的谱系（hierarchy），可用谱系图（dendrogram，也称系统树）来描述，故称之为系统聚类法。

系统聚类法依获得聚类系统的方式不同，又分为凝聚法和分解法。凝聚法是把样本数由多变到少的一种方法，从待分类的 m 个品种开始，逐步将两个最相似的品种合并成一类，经 $m-1$ 个同样步骤将所有样本归入一类。分解法是把品种集先分成两个或多个子集，继续进行直到所有品种完全分开的一种分类方法。

凝聚系统聚类法是最常用的经典聚类方法，主要介绍如下。

1. 一般分析步骤

（1）各品种自成一类（共 m 类）。
（2）计算各类间的相似性。
（3）把最相似的类（品种）归为一类。

（4）计算新类与其余各类的相似性，方法详述于后。

（5）重复 3、4 两个过程，将最近的两类合并，直至类数为 1。

2. 新类与其余类之间相似性的定义

凝聚系统聚类法依品种间的相似性定义不同，合并后的新类与其他类间相似性的判据不同，可供采用的方法很多。

（1）最短距离法（最近邻法）（nearest neighbor）。新类 $G_{(p+q)}$ 与类 $G_{(r)}$ 间的距离等于分属于这两类中品种间的最小距离：

$$D_{(p+q,r)}=\min\{d_{ij}\} \qquad i\in G_{(p+q)} \quad j\in G_{(r)}$$

（2）最长距离法（furthest neighbor）。两类间的距离等于分属于两类中两个品种间的最大距离：

$$D_{(p+q,r)}=\max\{d_{ij}\} \qquad i\in G_{(p+q)} \quad j\in G_{(r)}$$

（3）加权平均距离法。

$$D^2_{(p+q,r)} = \frac{1}{2}D^2_{(p,r)} + \frac{1}{2}D^2_{(q,r)}$$

（4）类平均距离法。

$$D^2_{(p+q,r)} = \frac{m_p}{m_p+m_q}\cdot D^2_{(p,r)} + \frac{m_q}{m_p+m_q}\cdot D^2_{(q,r)}$$

（5）重心法。

$$D^2_{(p+q,r)} = \frac{m_p}{m_p+m_q}\cdot D^2_{(p,r)} + \frac{m_q}{m_p+m_q}\cdot D^2_{(q,r)} - \frac{m_p m_q}{(m_p+m_q)^2}\cdot D^2_{(p,q)}$$

（6）中间距离法。

$$D^2_{(p+q,r)} = \frac{1}{2}D^2_{(p,r)} + \frac{1}{2}D^2_{(q,r)} - \frac{1}{4}D^2_{(p,q)}$$

（7）离差平方和法（Ward 法）。

$$D^2_{(p+q,r)} = \frac{m_p+m_r}{m_p+m_q+m_r}\cdot D^2_{(p,r)} + \frac{m_q+m_r}{m_p+m_q+m_r}\cdot D^2_{(q,r)} - \frac{m_r}{m_p+m_q+m_r}\cdot D^2_{(p,q)}$$

（8）灵活决策法。

$$D^2_{(p+q,r)} = \alpha\left[D^2_{(p,r)} + D^2_{(q,r)}\right] + (1-2\alpha)D^2_{(p,q)}$$

以上八种方法由维希特（D. Wishart）1969 年统一于一个公式中：

$$D^2_{(p+q,r)} = \alpha_p D^2_{(p,r)} + \alpha_q D^2_{(q,r)} + \beta\cdot D^2_{(p,q)} + \gamma\left|D^2_{(p,r)} - D^2_{(q,r)}\right| \tag{8.35}$$

以上各方法中 α_p、α_q、β、γ 的取值如表 8-9 所示。

表 8-9　距离系统聚类法参数

方法名称	α_p	α_q	β	γ
最短距离法	$\frac{1}{2}$	$\frac{1}{2}$	0	$-\frac{1}{2}$
最长距离法	$\frac{1}{2}$	$\frac{1}{2}$	0	$\frac{1}{2}$

方法名称	α_p	α_q	β	γ
加权平均距离法	$\dfrac{1}{2}$	$\dfrac{1}{2}$	0	0
类平均距离法	$\dfrac{m_p}{m_p + m_q}$	$\dfrac{m_q}{m_p + m_q}$	0	0
重心法	$\dfrac{m_p}{m_p + m_q}$	$\dfrac{m_q}{m_p + m_q}$	$\dfrac{-m_p \cdot m_q}{(m_p + m_q)^2}$	0
中间距离法	$\dfrac{1}{2}$	$\dfrac{1}{2}$	$-\dfrac{1}{4}$	0
离差平方和法（Ward 法）	$\dfrac{m_p + m_r}{m_p + m_q + m_r}$	$\dfrac{m_q + m_r}{m_p + m_q + m_r}$	$\dfrac{-m_r}{m_p + m_q + m_r}$	0
灵活决策法	α	α	$1-2\alpha$	

注：m_p、m_q、m_r 分别表示类 p、q、r 中的品种个数。

3. 分析软件

除了常用的 SAS、SPSS 软件外，还有专门设计用于分析生物化学、分子生物学遗传标记数据资料软件，如 POPgene、PHYLIP、PAUP、DISPAN 和 NTSYSpc 软件，其中 NTSYSpc 软件是国际公认的权威的聚类分析软件。

4. 系统聚类法应用实例

下面采用 SPSS 分析实例。

例8-4 中国黄牛 27 个品种群体成年母牛八项主要体尺标记的聚类分析如下。

（1）27 个品种群体的数据集、相关系数矩阵 R、特征值 λ 及特征向量 L 等数据见主成分分析。

（2）27 个品种间的相似性以品种间入选主成分求得的欧氏距离 $\{d_{ij}\}$ 列于表 8-10。由于距离系数矩阵是对称的，故只给出矩阵的下半部。由于品种数据集都是由每个品种若干个体的表型平均值表示，它是基因型值的估计值，故计算出的距离也为遗传距离。

（3）本例采用最短距离法进行聚类，表 8-11 中列出了被连接品种的编号和进行连接时的相似性值，当被连接的是一个类与一个品种，或一个类与另一个类时，则只给出编号小的品种。例如：第一步连接距离最小的 0.4453 是 2 号和 27 号品种，得新类 $\{2, 27\}$，该类再与 22 号连接时，连接表中写出新类上的品种编号最小的 2 号，然后再写出 22 号；余类推。新类 $\{2, 27\}$ 与 22 号的相似性值取 22 号分别与 2 号、27 号间的最短距离，$D_{(27, 2), 22} =$ min $\{d_{(2, 22)}, d_{(27, 22)}\}$=min$\{0.8009, 1.0039\}$=0.8009，其余类推。如此连接 26 级，即可将 27 个品种聚为一类，聚类过程见连接表 8-11，聚类结果见聚类系统图 8-3。

根据上述方法，得到了 27 个品种的动态聚类结果，为了划分各类，依次从连接表 8-11 中最大的相似值开始切断，分别可以得到 K=2，3，…，27 的分类。但是分类数 K 为何值时的分类为最佳、为有效分类，这需要专门学科的基本知识为依据。本例应以血液蛋白多态性分类、品种形成及变迁历史及形态学的其他分类方法相结合来研究分类数 K 的确定。

表 8-10　中国黄牛 27 个品种间欧氏距离系数矩阵

品种编号	1	2	3	4	5	6	7	8	9	10	11	12	13	14	15	16	17	18	19	20	21	22	23	24	25	26
2	4.8066																									
3	5.4512	0.8134																								
4	3.8277	1.2351	1.8387																							
5	0.7037	4.7926	5.4672	3.8673																						
6	2.0779	2.9987	3.6082	1.9595	2.1651																					
7	5.4726	1.7098	1.8739	2.6335	5.2915	3.8407																				
8	6.1905	1.5437	1.1497	2.6244	6.1159	4.2918	1.5751																			
9	3.1109	2.4400	2.9493	2.0916	3.0454	1.8545	2.6942	3.5474																		
10	4.4229	1.9239	2.1061	2.0077	4.5870	3.0900	3.0038	3.1006	2.2647																	
11	1.8206	3.4510	4.0869	2.4416	2.1239	1.0636	4.3963	4.8558	2.3626	3.2119																
12	2.2092	3.3528	3.9591	2.2223	2.3991	0.9067	4.3698	4.6577	2.6837	3.5497	1.0659															
13	1.6257	3.3290	4.0091	2.4238	1.5892	0.9656	3.9710	4.6687	2.0133	3.3909	1.1826	1.3077														
14	3.6702	1.2880	1.9282	0.9387	3.6517	1.9362	2.1894	2.6242	1.3831	1.8260	2.3852	2.4626	2.2561													
15	5.7704	1.2210	0.9658	2.3473	5.7436	4.0685	1.7919	1.3103	3.1592	2.1388	4.4923	4.4944	4.4371	2.2889												
16	6.5456	2.0767	1.8469	3.0038	6.4407	4.6853	2.1316	1.2996	3.9047	3.358	5.1992	5.0792	5.1069	2.9734	1.6411											
17	7.4739	2.7918	2.2774	3.8784	7.4001	5.661	2.6743	1.7166	4.7041	3.7553	6.1544	6.0646	6.0324	3.8677	1.8838	1.4056										
18	4.6631	1.0004	1.4360	1.4986	4.5328	2.8722	1.2914	1.6900	2.1231	2.445	3.529	3.351	3.1559	1.3133	1.7576	2.2056	3.0024									
19	1.6924	5.3701	5.9813	4.2742	2.2008	2.6248	6.3141	6.7560	4.161	5.0706	2.0181	2.2020	2.5070	4.3404	6.4347	7.1114	8.1047	5.4119								
20	5.5945	1.3199	0.7747	2.1420	5.6390	3.6905	2.0996	1.2865	3.0796	2.443	4.1880	4.0440	4.1739	2.1671	1.5234	2.0920	2.5507	1.7984	6.0368							
21	7.2908	2.6151	2.1835	3.7920	7.2093	5.4825	2.1908	1.4130	4.4978	3.7718	8.9260	5.8659	5.7845	3.6741	1.8794	1.5329	1.0445	2.8218	7.8894	2.3219						
22	7.2908	2.6151	2.1835	3.7920	7.2093	5.4825	2.1908	1.4130	4.4978	3.7718	8.9260	5.8659	5.7845	3.5843	1.7760	2.6143	3.3874	1.4404	7.6866	1.5844	3.2418					
23	7.2110	2.4441	1.9548	3.5645	7.1678	5.3424	2.4986	1.3100	4.5650	3.6673	5.7666	5.6570	5.716	0.9740	1.7618	1.3317	1.1004	2.8423	7.6860	2.0535	0.8007	3.0257				
24	8.7446	4.0300	3.5368	5.1742	8.6702	6.9124	3.704	2.793	5.9923	5.082	7.322	7.2254	7.2554	3.584	3.184	2.537	1.784	4.333	9.2557	3.5617	1.6366	4.6173	1.6305			
25	4.7913	1.6535	1.8039	1.5103	4.9241	3.1161	3.606	2.7147	3.2296	5.0923	3.432	3.2355	3.585	2.1467	2.1650	3.0450	3.637	2.4057	5.0696	2.1293	3.7496	1.4433	3.2995	4.8376		
26	8.0153	3.2517	2.7453	4.3792	7.9399	6.1608	3.086	1.980	5.3272	4.4320	6.630	6.4918	6.5185	4.4111	2.4179	1.8695	1.1150	3.5518	8.5449	2.8493	1.1338	3.8749	0.9375	0.9925	4.0127	
27	4.9228	0.4453	1.0165	1.3968	4.8948	3.0955	1.6821	1.4973	3.6349	2.241	3.505	3.3908	3.4088	1.4399	1.3964	2.0434	2.8362	1.1530	5.4119	1.3870	2.5349	1.0539	2.3443	3.9189	1.8432	3.1752

表 8-11 最短距离法对 27 个黄牛品种体尺聚类表

阶段	合并类		距离系数	第一次出现的阶段		下次出现的阶段
	类 1	类 2		类 1	类 2	
1	2	27	0.445 3	0	0	5
2	1	5	0.903 7	0	0	24
3	3	20	0.774 7	0	0	6
4	21	23	0.800 7	0	0	9
5	2	22	0.800 9	1	0	6
6	2	3	0.813 4	5	3	7
7	2	4	0.819 4	6	0	10
8	6	12	0.906 7	0	0	11
9	21	26	0.937 1	4	0	13
10	2	14	0.938 7	7	0	12
11	6	13	0.965 6	8	0	16
12	2	15	0.965 8	10	0	14
13	21	24	0.992 7	9	0	15
14	2	18	1.000 4	12	0	17
15	17	21	1.044 5	0	13	20
16	6	11	1.063 6	11	0	24
17	2	8	1.149 7	14	0	18
18	2	7	1.291 4	17	0	19
19	2	16	1.299 6	18	0	20
20	2	17	1.310 0	19	15	21
21	2	9	1.383 1	20	0	22
22	2	25	1.443 3	21	0	23
23	2	10	1.530 6	22	0	26
24	1	6	1.589 2	2	15	25
25	1	19	1.692 4	24	0	26
26	1	2	1.854 5	25	23	0

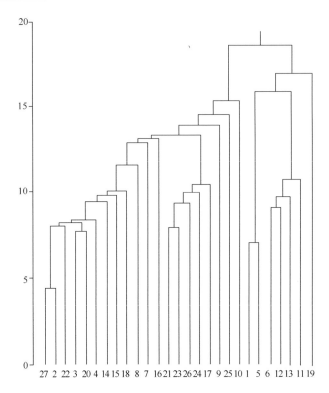

图 8-3　27 个黄牛群体以 8 项体尺数为基础的谱系图

1. 秦川牛 2. 西镇牛 3. 平利牛 4. 陵北黄牛 5. 晋南牛 6. 郏县红牛 7. 宣汉牛 8. 文山牛 9. 蒙古牛
10. 隆林牛 11. 延边牛 12. 南阳牛 13. 鲁西牛 14. 温岭牛 15. 闽南牛 16. 峨边花牛 17. 徐闻牛
18. 平陆牛 19. 复州牛 20. 大别山牛 21. 海南牛 22. 安西牛 23. 昭通牛 24. 迪庆牛 25. 德宏牛
26. 西双版纳牛 27. 台湾牛

（二）模糊聚类分析

经典聚类分析（亦称硬聚类，hard clustering）忽视了品种差异间的连续性，不表现聚类结论的相对性。为了弥补这类方法之不足，研究者把经典数学的二值逻辑扩充到连续值，把普通集推广到模糊集（fuzzy set），把模糊数学方法引入聚类分析过程，形成了模糊聚类分析（fuzzy cluster analysis）方法，使分类更加切合实际。模糊聚类分析以品种资源的标记数据集为基础，标定品种间的相似性，把品种间的相似性转换为模糊相容关系，以品种间隶属于模糊相容关系的隶属函数列出模糊相似关系矩阵，根据模糊数学分解定理，以置信水平 λ 值表征品种多大程度上相对隶属于某类。随着 λ 取值的变化，λ-R_λ 截矩阵也随之变化，分类也随之变化，形成一个动态聚类。λ 值越小，R_λ 包含品种数越多，分类越粗，反之则越细，表现出模糊聚类方法的相对性。

1. 一般分析步骤

（1）建立数据集（同主成分分析）。

设：有 x_1、x_2、$\cdots$、x_m 共 m 个品种，每个品种由 I_1、I_2、$\cdots$、I_n 共 n 个标记来刻划，

构成 $m \times n$ 的数据矩阵 $X_{m \times n}$。

标记

$$
X = 品种 \begin{array}{c} X_1 \\ X_2 \\ \vdots \\ X_i \\ \vdots \\ X_m \end{array} \begin{pmatrix} \overset{I_1}{X_{11}} & \overset{I_2}{X_{12}} & \cdots & \overset{I_j}{X_{1j}} & \cdots & \overset{I_n}{X_{1n}} \\ X_{21} & X_{22} & \cdots & X_{2j} & \cdots & X_{2n} \\ \vdots & \vdots & & \vdots & & \vdots \\ X_{i1} & X_{i2} & \cdots & X_{ij} & \cdots & X_{in} \\ \vdots & \vdots & & \vdots & & \vdots \\ X_{m1} & X_{m2} & \cdots & X_{mj} & \cdots & X_{mn} \end{pmatrix}
$$

矩阵的元素 X_{ij} 表示第 i 个品种第 j 个标记的观测值。

（2）数据集标准化（有时可以不作标准化处理）。为了消除原始数据各标记量纲、量级不同而产生的标尺度效应，须将原始数据标准化。

$$
\hat{x} = [\hat{x}_{ij}]_{m \times n} \qquad \hat{x}_{ij} = \frac{x_{ij} - \hat{x}_j}{s_j} \tag{8.36}
$$

式中，$\bar{x}_j = \dfrac{1}{m} \displaystyle\sum_{i=1}^{m} x_{ij}$；$s_j = \sqrt{\displaystyle\sum_{i=1}^{m} (x_{ij} - \bar{x}_j)^2 / (m-1)}$。

（3）确定统计量。即标定计算衡量分类单位（品种）之间相似性程度的系数，建立论域集上的模糊相似关系矩阵 $\underset{\sim}{R}$。

$$
\underset{\sim}{R} = \begin{pmatrix} r_{11} & r_{12} & \cdots & r_{1m} \\ r_{21} & r_{22} & \cdots & r_{2m} \\ \vdots & \vdots & & \vdots \\ r_{i1} & r_{i2} & \cdots & r_{im} \\ \vdots & \vdots & & \vdots \\ r_{m1} & r_{m2} & \cdots & r_{mm} \end{pmatrix} = \begin{bmatrix} r_{ij} \end{bmatrix}_{m \times n}
$$

式中，$r_{ij} = 1$，$i = j$；$r_{ij} = r_{ji}$，$i \neq j$。

常用的标定方法有距离法、相似系数法两大类。

1）距离法。

① 欧氏距离法。

欧氏绝对距离法：

$$
d_{ij} = \sqrt{\sum_{k=1}^{n} (X_{ik} - X_{jk})^2} \tag{8.37}
$$

欧氏相对距离法：

$$
d_{ij} = \sqrt{\frac{1}{n} \sum_{k=1}^{n} (X_{ik} - X_{jk})^2} \tag{8.38}
$$

② 绝对值距离。

$$
d_{ij} = \sum_{k=1}^{n} \left| (X_{ik} - X_{jk}) \right| \tag{8.39}
$$

③ 明考斯基（Minkowski）距离。

$$d_{ij} = \left[\sum_{k=1}^{n} \left| (X_{ik} - X_{jk}) \right|^r \right]^{\frac{1}{r}} \tag{8.40}$$

距离法得到的距离 d_{ij} 越大，相似系数 r_{ij} 越小，故一般可取 $r_{ij} = 1 - c \cdot d_{ij}$，$c$ 的取值应保证 $0 \leqslant r_{ij} \leqslant 1$。

2）相似系数法。

① 数量积法。

$$r_{ij} = \begin{cases} 1 & i = j \\ \dfrac{1}{M} \displaystyle\sum_{k=1}^{n} X_{ij} \cdot X_{jk} & i \neq j \end{cases} \tag{8.41}$$

式中，M 为一适当正数，它满足 $M \geqslant \max\left(\displaystyle\sum_{k=1}^{n} X_{ik} \cdot X_{jk} \right)$，以保证 $0 \leqslant r \leqslant 1$。

② 相关系数法。

$$r_{ij} = \frac{\displaystyle\sum_{k=1}^{n} (X_{ik} - \overline{X}_i)(X_{jk} - \overline{X}_j)}{\sqrt{\displaystyle\sum_{k=1}^{n} (X_{ik} - \overline{X}_i)^2 \cdot \displaystyle\sum_{k=1}^{n} (X_{jk} - \overline{X}_j)^2}} \tag{8.42}$$

式中，$\overline{X}_i$ 表示第 i 品种各标记经标准化后的平均值，即 $\overline{X}_i = \dfrac{1}{n} \displaystyle\sum_{k=1}^{n} X_{ik}$。

③ 夹角余弦法。

$$r_{ij} = \frac{\displaystyle\sum_{k=1}^{n} X_{ik} \cdot X_{jk}}{\sqrt{\displaystyle\sum_{k=1}^{n} X_{ik}^2 \cdot \displaystyle\sum_{k=1}^{n} X_{jk}^2}} \tag{8.43}$$

当①～③三种相似系数法算出的 r_{ij} 不满足 $0 \leqslant r_{ij} \leqslant 1$，需作变换：$r_{ij}' = \dfrac{1}{2}(1 + r_{ij})$。

④ 最大最小值法。

$$r_{ij} = \frac{\displaystyle\sum_{k=1}^{n} \min(X_{ik}, X_{jk})}{\displaystyle\sum_{k=1}^{n} \max(X_{ik}, X_{jk})} = \frac{\displaystyle\sum_{k=1}^{n} (X_{ik} \wedge X_{jk})}{\displaystyle\sum_{k=1}^{n} (X_{ik} \vee X_{jk})} \tag{8.44}$$

式中，$\wedge$ 为取小运算符，$\vee$ 为取大运算符。

⑤ 算术平均最小方法。

$$r_{ij} = \frac{\displaystyle\sum_{k=1}^{n} \min(X_{ik}, X_{jk})}{\dfrac{1}{2} \displaystyle\sum_{k=1}^{n} (X_{ik} + X_{jk})} = \frac{\displaystyle\sum_{k=1}^{n} (X_{ik} \wedge X_{jk})}{\dfrac{1}{2} \displaystyle\sum_{k=1}^{n} (X_{ik} + X_{jk})} \tag{8.45}$$

⑥ 几何平均最小方法。

$$r_{ij} = \frac{\sum\limits_{k=1}^{n} \min(X_{ik}, X_{jk})}{\frac{1}{2}\sum\limits_{k=1}^{n} \sqrt{X_{ik} \cdot X_{jk}}} = \frac{\sum\limits_{k=1}^{n} (X_{ik} \wedge X_{jk})}{\frac{1}{2}\sum\limits_{k=1}^{n} \sqrt{X_{ik} \cdot X_{jk}}} \tag{8.46}$$

⑦ 指数相似系数法。

$$r_{ij} = \frac{1}{n}\sum\limits_{k=1}^{n} \exp\left[-\frac{3}{4}\left(\frac{X_{ik} - X_{jk}}{S_k}\right)^2\right] = \frac{1}{n}\sum\limits_{k=1}^{n} e^{-\frac{3}{4}\left(\frac{X_{ik} - X_{jk}}{S_k}\right)^2} \tag{8.47}$$

式中，S_k 为适当选择的正整数，一般为第 k 个标记的标准差 σ_k。

⑧ 绝对值指数法。

$$r_{ij} = \exp\left(-\sum\limits_{k=1}^{n}|X_{ik} - X_{jk}|\right) = e^{-\sum\limits_{k=1}^{n}|X_{ik} - X_{jk}|} \tag{8.48}$$

⑨ 绝对值倒数法。

$$r_{ij} = \begin{cases} 1 & i=j \\ \dfrac{M}{\sum\limits_{k=1}^{n}|X_{ik} - X_{jk}|} & i \neq j \end{cases} \tag{8.49}$$

式中，M 为适当正数，并保证 $0 \leqslant r_{ij} \leqslant 1$。

⑩ 非参数方法。如有变换后的数据 $\hat{x}'_{ik} = \hat{x}_{ik} - \overline{x}_i$，令 $n^+ = \{\hat{x}'_{i1}, \hat{x}'_{i2}, \hat{x}'_{i1}, \hat{x}'_{i3}, \cdots, \hat{x}'_{in}, \hat{x}'_{jn}\}$ 中大于零的个数，$n^- = \{\hat{x}'_{i1}, \hat{x}'_{i2}, \hat{x}'_{i1}, \hat{x}'_{i3}, \cdots, \hat{x}'_{in}, \hat{x}'_{jn}\}$ 中小于零的个数。

$$r_{ij} = \frac{1}{2}\left(1 + \frac{n^+ - n^-}{n^+ + n^-}\right) \tag{8.50}$$

（4）聚类。经标定，建立起模糊相似矩阵 $\underset{\sim}{R}$，根据模糊集合分解定理，用 λ-截矩阵 R_λ 可对品种进行分类。

由模糊相容关系矩阵 R_λ 入手的聚类，又可分为直接由模糊相似矩阵 $\underset{\sim}{R}$ 进行聚类的编网法、最大树法及把模糊相似矩阵 $\underset{\sim}{R}$ 改造成模糊等价关系的传递闭包聚类法。

① 编网法。根据标定的模糊相似关系矩阵 $\underset{\sim}{R}$，取 λ-截矩阵 R_λ，在对角线上填入品种编号，在对角线左下方用 "*" 取代 1，空格取代 0，将*所在位置称为结点，向对角线引经线（竖线）和纬线（横线），经纬线末端编号的两个品种，由经纬线和结点网结在一起，聚为一类，从而实现分类。

② 最大树法。图论方法中的 "树" 是一种特殊的图，有 m 个顶点，m-1 条枝把 m 个点连通，但没有回路。最大树方法就是把 m 个品种作为顶点，按模糊相似关系矩阵 $\underset{\sim}{R}$ 中的 r_{ij} 由大到小的顺序，依次用线段连接各顶点，赋于顶点间以权重 r_{ij}，不产生回路，直到所有品种都连通为止，这样就得到一颗最大树。对最大树取 λ-截集 R_λ（$\lambda \in [0, 1]$），使权重 r_{ij} 小于 λ 值的枝被切断，得到一个不完全连通的图。仍然被连通的品种就被归入一类，从而构成了 λ 水平上的分类。这样的模糊聚类方法就称为最大树方法。

③ 传递闭包聚类法。根据品种集上普通集等价关系矩阵 $\underset{\sim}{R}$ 可以唯一确定品种集上的一个分类，利用模糊等价关系矩阵 $\underset{\sim}{R}^*$ 的每一个截集 R_λ 都是普通等价关系的这一分解定理，可按 λ-截矩阵 R_λ 对品种聚类，随 λ（$\lambda \in [0，1]$）取值变化，R_λ 随之变化，分类也随之形成一个动态聚类。

然而，由标定所得的模糊关系矩阵 $\underset{\sim}{R}$ 是相似矩阵，未必满足传递性，不一定是模糊等价关系矩阵。只有满足自反性（$r_{ij}=1$）、对称性（$r_{ij}=r_{ji}$）、传递性、[$\underset{\sim}{R} \cdot \underset{\sim}{R} \subseteq \underset{\sim}{R}$（或 $r_{ij}^2 \leqslant r_{ij}$，对所有 $i，j$）]的模糊关系矩阵 $\underset{\sim}{R}$ 才是模糊等价关系矩阵，这样的矩阵就可用 λ-截关系法，在适当的 λ 水平上对品种进行归并分类。

改造模糊相似关系矩阵 $\underset{\sim}{R}$ 为模糊等价关系矩阵 $\underset{\sim}{R}^*$ 的简易方法是自身合成法，或称为平方法：$\underset{\sim}{R} \cdot \underset{\sim}{R} = \underset{\sim}{R}^2 \Rightarrow \underset{\sim}{R}^2 \cdot \underset{\sim}{R}^2 = \underset{\sim}{R}^4 \Rightarrow \cdots$，至 $\underset{\sim}{R}^{2k} = \underset{\sim}{R}^k$ 为止，$\underset{\sim}{R}^k$ 即为模糊等价关系矩阵 $\underset{\sim}{R}^*$（$\underset{\sim}{R}^* = \underset{\sim}{R}^k$），也称传递闭包。

判断一个模糊相似关系矩阵 $\underset{\sim}{R}$ 是否为模糊等价关系矩阵，关键就看 $\underset{\sim}{R}$ 中的元素种类数，如果 $\underset{\sim}{R}$ 中的元素种类数小于或等于 $\underset{\sim}{R}$ 的行（或列）数，该矩阵就是模糊等价关系矩阵，否则就不是，这时就需自身合成。

当模糊相似关系矩阵 $\underset{\sim}{R}$ 改造成模糊等价关系矩阵 $\underset{\sim}{R}^*$ 后，在其上取区间[0，1]内的定值 λ，凡 r_{ij} 小于 λ 值者皆为零，大于 λ 值的确定十分重要，它是分类的依据。λ-截矩阵 R_λ 有两个属性：

A. 若 $\underset{\sim}{R}$ 是模糊等价关系矩阵，则 R_λ 是普通等价关系矩阵。

B. 若 $0 \leqslant \lambda_1 \leqslant \lambda_2 \leqslant 1$，则 R_{λ_2} 分出的每一类必定是按 R_{λ_1} 分类的类的子类，并称 R_{λ_2} 的分类是 R_{λ_1} 的分类的加细。

2. 模糊聚类分析应用实例

例 8-5 4 个黄牛品种 Hb、Alb、Tf 三个位点 18 个等位基因（顺序如下：$Hb^A \sim Tf^Y$）的频率列于表 8-12 中，聚类分析见后。

表 8-12 4 个黄牛品种 Hb、Alb、Tf 三个位点 18 个等位基因频率分布表

群体	位点等位基因								
	Hb				Alb				
	Hb^A	Hb^B	Hb^C	Hb^Y	Alb^A	Alb^B	Alb^C	$Alb^{C'}$	Alb^D
1	0.870	0.112	0.013	0.005	0.988	0.012	0	0	0
2	0.975	0.025	0	0	1	0	0	0	0
3	0.910	0.037	0.003	0	1	0	0	0	0
4	0.940	0.060	0	0	1	0	0	0	0

群体	位点等位基因								
	Tf								
	Tf^A	Tf^{AS}	Tf^B	Tf^{D1}	Tf^{D2}	Tf^E	Tf^F	Tf^X	Tf^Y
1	0.262	0	0	0.250	0.276	0.203	0	0.008	0.001
2	0.373	0	0	0.286	0.327	0.014	0	0	0
3	0.202	0	0	0.281	0.447	0.067	0	0.003	0
4	0.260	0	0	0.680	0.020	0.040	0	0	0

（1）将品种间距系数转换为模糊相容关系。

设：$D_{k,k'}$ 为任意两品种 k 和 k' 间的经典距离；$D'_{k,k'}$ 为标准遗传距离，$D'_{k,k'} = \dfrac{D_{k,k'}}{MA}$。

则 $\mu_{\underset{\sim}{R}(k,k')} = 1 - D'_{k,k'} = 1 - \dfrac{D_{k,k'}}{MA} = 1 - \dfrac{1}{MA}[-\ln I_{k,k'}]$

$$= 1 - \frac{1}{MA}[-\ln(J_{k,k'}/\sqrt{J_k \cdot J_{k'}})] = \frac{1}{MA}\ln\frac{J_{k,k'}}{\sqrt{J_k \cdot J_{k'}}} + 1 \qquad (8.51)$$

式中，MA 为大于群体中最大的 D 的正整数或正分数，本例 $MA=2$；J_k 为从 k 群随机获得相同等位基因的概率；$J_{k,k'}$ 为从不同群体随机获得相同等位基因的概率。

（2）以品种群隶属于模糊关系 $\underset{\sim}{R}$ 的隶属函数 $\mu_{\underset{\sim}{R}(k,k')}$，列出模糊相似关系矩阵 $\underset{\sim}{R}$。

$$\underset{\sim}{R} = \begin{pmatrix} 1 & 0.993 & 0.994 & 0.969 \\ 0.993 & 1 & 0.996 & 0.971 \\ 0.994 & 0.996 & 1 & 0.962 \\ 0.969 & 0.971 & 0.962 & 1 \end{pmatrix}$$

（3）聚类。

1）直接利用模糊相似关系矩阵 $\underset{\sim}{R}$ 聚类。

① 编网法。对 $\underset{\sim}{R}$ 取 $\lambda=0.995$，编网见表 8-13。

表 8-13　$\lambda=0.995$ 的编网表

品种编号	1	2	3	4
1	1			
2		2		
3		*- - - - - - - - - - - - -3		
4				4

当 $\lambda=0.995$ 时，得聚类为 $\{x_1\}$、$\{x_2, x_3\}$、$\{x_4\}$，分为三类。

当 $\lambda=0.990$ 时，编网见表 8-14。

表 8-14　$\lambda=0.990$ 的编网表

品种编号	1	2	3	4
1	1			
2	*- - - - - - - - - - - -2			
3	*- - - - - - - - - - - *- - - - - - - - - - -3			
4				4

当 $\lambda=0.990$ 时，得聚类为 $\{x_1, x_2, x_3\}$、$\{x_4\}$，分为两类。

类似地，当 λ 取值下降时，便可得到聚为一类的图。

② 最大树法。根据 $\underset{\sim}{R}$，先从品种 1 开始，最大生成树为①0.994③0.996②0.971④。

取 $\lambda=0.995$ 时，砍断权重（r_{ij}）小于 0.995 的枝，得切割图：①　　③——②　　④，于是得聚类为三类：$\{1\}$，$\{2, 3\}$，$\{4\}$。

取 λ=0.990 时，砍断权重（r_{ij}）小于 0.990 的枝，得切割图：①——③——② ④，于是得聚类为两类：{1，2，3}，{4}。

2）模糊等价关系矩阵聚类法。

① 合成。由于 $\underset{\sim}{R}$ 不具有传递性，故需改造成模糊等价关系矩阵 $\underset{\sim}{R}^*$，从而聚类。

$$\underset{\sim}{R}=\begin{pmatrix} 1 & 0.993 & 0.994 & 0.969 \\ 0.996 & 1 & 0.996 & 0.971 \\ 0.994 & 0.996 & 1 & 0.962 \\ 0.969 & 0.971 & 0.962 & 1 \end{pmatrix} \overset{合成}{\Rightarrow} \underset{\sim}{R}^2 \begin{pmatrix} 1 & 0.994 & 0.994 & 0.971 \\ 0.994 & 1 & 0.996 & 0.971 \\ 0.994 & 0.996 & 1 & 0.971 \\ 0.971 & 0.971 & 0.971 & 1 \end{pmatrix}$$

又因为 $\underset{\sim}{R}^2=\underset{\sim}{R}^4=\cdots=\underset{\sim}{R}^{2k}=\underset{\sim}{R}^k$，故 $\underset{\sim}{R}^*=\underset{\sim}{R}^2$ 具有传递性。

② 聚类。

取 $\underset{\sim}{R}^*$ 上 λ=0.995，得 $\underset{\sim}{R}^*_{0.995}=\begin{pmatrix} 1 & 0 & 0 & 0 \\ 0 & 1 & 1 & 0 \\ 0 & 1 & 1 & 0 \\ 0 & 0 & 0 & 1 \end{pmatrix}$

分为三类：{1}，{2，3}，{4}。

取 $\underset{\sim}{R}^*$ 上 λ=0.990，得

$$\underset{\sim}{R}^*_{0.995}=\begin{pmatrix} 1 & 1 & 1 & 0 \\ 1 & 1 & 1 & 0 \\ 1 & 1 & 1 & 0 \\ 0 & 0 & 0 & 1 \end{pmatrix}$$

分为两类：{1，2，3}，{4}。

③ 模糊聚类图示见图 8-4。

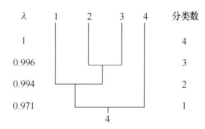

图 8-4　4 个黄牛品种模糊聚类图

（三）主成分分析——多种标记的减元并用

1. 问题由来

诚如根井正利所说，单位长度 DNA 的核苷酸或密码子平均差数，在理论上是判断群间遗传差异程度的根本依据。这一平均数无疑当以种群全体成员全部 DNA 链为测度的基础。然而，如前所述，无论是在当前还是在可以预见的将来，这都是技术、

时间、财力难以支持的极浩繁的工作。现代的进化遗传学主要通过两个抽样来解决这个问题。一是以种群为总体，以个体或配子为成员的抽样；二是以个体的全部 DNA 链为总体，以血型、血液蛋白型等目前在技术上有可能迅速检测的基因位点为样本的抽样。但正如前述，这些选择上具有中立性的位点可能难以成为整个 DNA 链的随机样本。因此，尽可能利用多方面的遗传标记可能是更客观地分析群间遗传差异的必要措施。

然而，前述章节讨论过的各类遗传标记虽然无疑都可以作为群体遗传特性的一个侧影，但一般没有定位，有的尚未确定涉及的位点数，所以在并用时，由于基因多效性和某些标记的多基因性，难免违实地夸大或缩小了 DNA 某些区段的分类中的"权"。用统计学观点来看，就是所谓"错综复杂"的多因素存在相关。主成分分析是解决这个问题的一个可用办法。

2. 主成分分析的概念

把一些具有错综复杂关系的变量（指标或性状，在遗传资源学上亦即标记）归结为反映其内在联系并起主导作用的少数独立综合变量的方法，在多元统计中称为主成分分析（principal components analysis），亦称主分量分析、特征向量分析或 Karhunen-Loewe 展开。

在家畜遗传资源学中，主成分分析主要用来研究和讨论由多个统计学上存在相关、在遗传学上有部分共同遗传基础的标记所反映的种群遗传差异，通过构成不相关的综合标记并以此为基础，进行系统分类。

主成分分析在动物遗传育种中主要用于处理不同层次的资料、简化数据结构、寻找综合变量指标、进行样本排序等。同时，复杂的样本数据经过主成分分析得到简化，可为进一步的统计分析（如作图分析、聚类分析）奠定基础。因此，主成分分析在揭示数量性状之间的关系、构造综合变量指标、评价亲本优劣、提高多目标育种水平和效率、研究品种/群体的系统分类与系统地位等方面有着重要的应用价值。

3. 主成分分析的原理及数学分析方法

（1）原理。对 n 个相关的基本性状（即标记）进行线性变换，使原来相关的标记变换成 n 个独立的综合标记即主成分，变换前后总的方差（信息）保持不变，利用这一性质，不考虑变异较小的主成分，只取前 P 个方差大的主成分，使其所代表的原标记信息的百分数大于或等于 85%，不致损失过多的信息即可。这样就把原来的 n 个相关标记压缩为 P 个不相关的综合标记，得到了用最优方式反映样本（亦即种群）之间关系的少数几个综合标记，也使后面的问题分析简化。

（2）数学分析方法。

① 数据集。

设：有 m 个样本（X_1, X_2, …, X_m）；每个样本由 n 个指标（index）（I_1, I_2, …, I_n）的特性数值来刻划，这样构成 $m \times n$ 的数据矩阵 $X_{m \times n}$。

$$\begin{array}{c} \begin{array}{cccccc} I_1 & I_2 & \cdots & I_j & \cdots & I_n \end{array} \\ X = 样本 \begin{array}{c} X_1 \\ X_2 \\ \vdots \\ X_i \\ \vdots \\ X_m \end{array} \begin{pmatrix} X_{11} & X_{12} & \cdots & X_{1j} & \cdots & X_{1n} \\ X_{21} & X_{22} & \cdots & X_{2j} & \cdots & X_{2n} \\ \vdots & \vdots & & \vdots & & \vdots \\ X_{i1} & X_{i2} & \cdots & X_{ij} & \cdots & X_{in} \\ \vdots & \vdots & & \vdots & & \vdots \\ X_{m1} & X_{m2} & \cdots & X_{mj} & \cdots & X_{mn} \end{pmatrix} \end{array}$$

式中，矩阵的元素 X_{ij} 代表第 i 个样本第 j 个标记的度量值，当样本成种群时，X_{ij} 为第 i 个样本第 j 个标记的群体均值；行向量 $X_i \cdot =(X_{i1}, X_{i2}, \cdots, X_{in})$ 为标本 X_i 的模式向量；列向量 $X \cdot _j=(X_{1j}, X_{2j}, \cdots, X_{mj})^T$ 为标记 X_j 的模式向量。

② 原始数据标准化变换。为消除原观测数据的量纲、量级不同而产生的标尺度效应，一般需经标准化变换，使各性状都具有相等方差 1。

$$ZX=[ZX_{ij}]_{min} \tag{8.52}$$

式中，$ZX_{ij} = \dfrac{X_{ij} - \bar{X} \cdot _j}{S \cdot _J} = \dfrac{X_{ij} - \dfrac{1}{m}\sum\limits_{s=1}^{m} X \cdot _J}{\sqrt{\dfrac{\sum\limits^{m}(X_{ij} - \bar{X} \cdot _j)^2}{m-1}}}$ 。

但诸如基因频率、表型频率等样本在量级上可能有偶然差别的数据则无此必要。

③ 求标准数据。ZX 各个标记间的协方差阵，亦限原始数据 X 的相关矩阵 R：

$$R = [r_{ij}]n \times n \tag{8.53}$$

式中，$r_{ij} = \dfrac{\sum\limits_{k=1}^{m} ZX_{ki} \cdot ZX_{kj}}{m-1}$ $(i,j=1,2,\cdots,n)$ 。

④ 线性变换。从已知数据集 ZX 出发，进行线性变换，使样本由新的综合标记来表示，新的综合标记中的每一个都是原标记的线性函数（或线性组合）。

$$Y^T=L^T \cdot ZX^T \tag{8.54}$$

式中，$y \cdot j^T = l_j^T \cdot zx^T$ 。

亦即：

$$\begin{pmatrix} y_{11} & y_{12} & \cdots & y_{1j} & \cdots & y_{1n} \\ y_{21} & y_{22} & \cdots & y_{2j} & \cdots & y_{2n} \\ \vdots & \vdots & & \vdots & & \vdots \\ y_{i1} & y_{i2} & & y_{ij} & & y_{in} \\ \vdots & \vdots & & \vdots & & \vdots \\ y_{m1} & y_{m2} & \cdots & y_{mj} & \cdots & y_{mn} \end{pmatrix}^T = \begin{pmatrix} l_{11} & l_{12} & \cdots & l_{1j} & \cdots & l_{1n} \\ l_{21} & l_{22} & \cdots & l_{2j} & \cdots & l_{2n} \\ \vdots & \vdots & & \vdots & & \vdots \\ l_{i1} & l_{i2} & \cdots & l_{ij} & \cdots & l_{in} \\ \vdots & \vdots & & \vdots & & \vdots \\ l_{n1} & l_{n2} & \cdots & l_{ni} & \cdots & l_{nn} \end{pmatrix}^T = \begin{pmatrix} zx_{11} & zx_{12} & \cdots & zx_{1j} & \cdots & zx_{1n} \\ zx_{21} & zx_{22} & \cdots & zx_{2j} & \cdots & zx_{2n} \\ \vdots & \vdots & & \vdots & & \vdots \\ zx_{i1} & zx_{i2} & \cdots & zx_{ij} & \cdots & zx_{in} \\ \vdots & \vdots & & \vdots & & \vdots \\ zx_{m1} & zx_{m2} & \cdots & zx_{mj} & \cdots & zx_{mn} \end{pmatrix}^T$$

上述线性变换的目的是使 Y 能描述 n 个标记 ZX 间的内在联系，且 Y 各分量间彼此不相关。实质就是使 L 为 n 阶正交矩阵（即 $L^T \cdot L=I$），Y 的协方差矩阵为对角形矩阵，即

$$Cov(Y, Y) = Cov(L^T \cdot ZX^T, L^T \cdot ZX^T) = \frac{1}{m-1}(L^T \cdot ZX^T)(L^T \cdot ZX^T)^T$$

$$= L^T\left(\frac{ZX^T \cdot ZX}{m-1}\right)L = L^T \cdot Cov(ZX, ZX) \cdot L = L^T \cdot C_{ZX} \cdot L$$

$$= L^T \cdot R_x \cdot L = \wedge \tag{8.55}$$

式中，$\wedge$ 为对形矩阵。

$$\wedge = \begin{pmatrix} \lambda_1 & & & \\ & \lambda_2 & & 0 \\ & 0 & \ddots & \\ & & & \lambda_n \end{pmatrix}$$

C_{ZX} 为标准化数据的轩方差阵，它等于原数据的相关阵 R_x。如果 $\lambda_1 \geqslant \lambda_2 \geqslant \cdots \geqslant \lambda_n > 0$，$\lambda_j$ 为矩阵 R 的第 j 个特征根，$L_j = (L_{1j}, L_{2j}, \ldots, L_{nj})$ 称为特征根 λ_j 对应的特征向量。

由矩阵理论证明，要解满足 $L^T R L = \wedge$ 的变换系数矩阵 L，只要解特征方程（$R - \lambda I$）$L = 0$ 即可。由 Jacobi 解法可求得变换系数矩阵 L 及主成分 Y 的方差 λ，从而由 $Y^T = L^T \cdot ZX^T$ 可得到 n 个不相关的主成分 $Y_j (j = 1, 2, \cdots, n)$。

由于 $Cov(Y, Y) = \wedge$，因此 λ_j 是第 j 个主成分 Y_j 的方差。矩阵变换中总方差保持不变，即 $\sum\limits_{j=1}^{n} \lambda_j = \sum\limits_{j=1}^{n} \sigma_j^2$（$\sigma_j^2$ 为原标记 I_j 标准化后的方差，它们均等于 1）。把 $\lambda_j \Big/ \sum\limits_{j=1}^{n} \lambda_j$ 称为第 j 个主成分在总变异中的贡献率，把 $\sum\limits_{j=1}^{p} \lambda_j \Big/ \sum\limits_{j=1}^{n} \lambda_j$ 称为前 p 个主成分所代表的原标记信息的百分数。因主成分的方差 λ_j 的值下降很快，只取前几个主成分就可反映原来 n 个标记的变异情况了，一般选择主成分的数目 p 可使 $\sum\limits_{j=1}^{p} \lambda_j \Big/ \sum\limits_{j=1}^{n} \lambda_j \geqslant 85\%$ 即可。

4. 主成分分析应用注意事项

（1）主成分分析主要是针对在统计学上存在相关、在遗传学上有部分共同遗传基础的标记而进行分析的一种有效的统计思想，实质是降维，即把一些具有错综复杂关系的变量（指标或性状，在遗传学上亦即标记）归结为反映其内在联系并起主导作用的少数独立变量，从而达到降维、简化分析的目的。主成分分析的效率与描述群体特征的遗传标记的背景有关。由于主成分分析具有降维的作用，对群体的遗传信息会造成一定的损失，因此应用主成分分析时也应慎重，主成分分析并不是万能的。

（2）对于单位不同的变量，需要将原始数据进行标准化转换，以消除尺度效应，再进行上述分析。由于标准化变量的协方差矩阵就是原来变量的相关矩阵 R，所以统计学上把这种分析称为 R 型分析。

（3）如果基本性状存在性别效应(即公、母度量值之间差异显著)时，应进行原数据性别间矫正或者分开研究分析。

（4）如果初始变量明显是非线性的，在此情况下，通常的做法是开始将数据线性化。

例如，用平方根、对数或更复杂的函数（如果有必要的话）进行变换。

5. 主成分分析应用实例

例 8-6 中国黄牛 27 个品种群体成年母牛八项主要体尺指标见表 8-15。

表 8-15 中国黄牛 27 个品种成年母牛八项体尺指标测定表　　　　单位：cm

品种	测定头数	指标							
		体高	十字部高	胸宽	十字部宽	体斜长	臀宽	胸围	管围
秦川牛	180	126.00	126.80	43.50	47.90	145.50	65.60	180.20	17.20
西镇牛	95	112.60	113.20	33.20	39.70	123.50	56.70	151.60	15.40
平利牛	52	110.81	110.44	31.91	37.95	118.88	55.17	152.19	15.76
陕北黄牛	92	117.89	117.84	33.05	40.80	130.84	57.59	157.26	16.13
*晋南牛	75	126.40	126.70	45.80	47.50	147.20	64.50	178.20	16.40
*郏县红牛	72	121.50	123.60	37.70	42.10	139.60	62.10	173.00	16.50
*宣汉牛	40	108.00	108.90	39.70	37.20	123.40	57.30	148.60	14.00
*文山牛	360	108.00	110.70	32.50	35.00	118.30	54.20	147.40	14.50
*蒙古牛	78	111.30	114.30	41.90	41.80	136.30	60.60	169.90	16.20
*隆林牛	95	107.10	110.20	33.60	44.40	126.00	57.80	158.60	17.50
**延边牛	268	121.80	122.80	35.50	45.00	141.20	65.60	171.41	16.80
**南阳牛	223	126.30	126.70	35.00	42.20	139.40	63.50	169.20	16.70
**鲁西牛	157	123.60	123.40	41.20	44.20	138.20	63.90	168.00	16.20
*温岭牛	60	115.20	113.40	35.90	41.30	132.20	57.20	161.10	15.70
*闽南牛	67	105.70	109.60	32.80	40.20	118.00	53.70	148.30	15.20
*峨边花牛	44	105.80	107.20	29.70	36.50	127.40	51.40	147.10	13.80
*徐闻牛	45	101.50	103.00	30.20	35.70	117.70	49.30	137.70	14.50
平陆牛	32	113.50	113.50	37.60	37.90	128.60	55.90	152.20	15.10
复洲牛	49	131.40	130.90	36.10	47.40	147.00	69.20	182.80	17.60
大别山牛	44	110.20	110.10	30.90	36.00	116.90	56.60	159.90	15.70
海南牛	30	101.60	103.40	31.20	34.90	115.50	54.00	137.50	13.90
安西牛	37	112.60	114.90	32.00	40.60	127.00	58.30	157.30	16.10
昭通牛	303	104.18	105.38	27.63	40.68	114.43	53.23	141.46	13.98
迪庆牛	626	97.58	98.93	25.80	40.68	108.38	51.02	135.30	12.73
德宏牛	165	116.30	118.40	28.00	40.68	120.10	54.20	157.80	16.50
西双版纳牛	189	101.40	104.40	27.60	40.68	109.90	50.20	137.30	13.40
***台湾牛	104	113.10	113.50	32.30	39.30	123.20	57.90	150.10	14.90

数据来源：*取自《中国黄牛生态种特征及其利用方向》；**取自《中国牛品种志》；***取自《日本在来家畜研究会报告》。

主成分分析如下：

（1）建立相关系数矩阵 R，见表 8-16。

表 8-16　由表 8-15 中数据资料计算的相关系数矩阵 **R**

性状	X_1	X_2	X_3	X_4	X_5	X_6	X_7	X_8
X_1	1.000 00							
X_2	0.990 07	1.000 00						
X_3	0.671 23	0.675 89	1.000 00					
X_4	0.862 41	0.885 98	0.698 67	1.000 00				
X_5	0.908 12	0.911 28	0.812 26	0.881 38	1.000 00			
X_6	0.917 74	0.916 11	0.752 27	0.872 15	0.916 96	1.000 00		
X_7	0.925 23	0.936 34	0.749 35	0.909 34	0.930 52	0.938 57	1.000 00	
X_8	0.812 26	0.835 29	0.548 27	0.891 49	0.769 38	0.798 33	0.879 08	1.000 00

（2）用 Jacobi 法求得相关系数矩阵 **R** 的特征值 λ_j 及特征向量 **L**，见表 8-17。

表 8-17　由相关系数矩阵 **R** 得到的特征值及特征向量

主成分	特征值 λ_j	方差百分数	累积方差百分数	系数							
				ZX_1	ZX_2	ZX_3	ZX_4	ZX_5	ZX_6	ZX_7	ZX_8
1	6.926 56	86.6	86.6	0.956 43	0.964 89	0.787 80	0.942 59	0.959 30	0.958 02	0.978 94	0.880 53
2	0.518 06	6.5	93.1	−0.097 11	−0.112 36	0.584 73	−0.109 45	0.146 33	0.041 14	0.034 44	−0.343 27
3	0.258 71	3.2	96.3	−0.241 39	−0.192 22	0.155 66	0.200 08	−0.069 49	−0.103 30	0.016 72	0.288 88
4	0.096 36	1.2	97.5	−0.037 10	−0.057 86	0.014 99	−0.187 40	−0.089 84	0.174 97	0.099 87	0.087 38
5	0.090 89	1.1	98.6	0.100 66	0.098 94	0.102 49	−0.122 21	−0.077 72	−0.171 91	−0.005 81	0.099 53
6	0.065 47	0.8	99.5	0.044 95	0.043 88	0.049 73	0.090 62	−0.187 32	0.085 73	−0.085 80	−0.032 23
7	0.035 84	0.4	99.9	0.017 79	−0.011 12	0.006 28	−0.034 60	0.065 57	0.047 69	−0.151 01	0.069 27
8	0.008 10	0.1	100.0	0.060 99	−0.065 08	0.000 15	0.007 14	−0.002 86	−0.006 00	0.006 78	−0.000 59

由表 8-17 中结果看出，虽然有 5 个特征值很小，但没有为 0 的特征值，整个变化由第一个特征值控制，它构成变异的 86.6%。第一主成分由公式（8.56）给出：

$$Y_1 = 0.9564ZX_1 + 0.9649ZX_2 + 0.7878ZX_3 + 0.9426ZX_4$$
$$+ 0.9593ZX_5 + 0.9580ZX_6 + 0.9786ZX_7 + 0.8805ZX_8 \tag{8.56}$$

第二主成分构成很小的变异，只占总变异的 6.5%，从系数来看，可以把第二主成分看作是受 X_3（胸宽）所控制。其他分量影响更小，故均忽略不予考虑。

如果主成分的提取以累积贡献率大于 85% 为标准，本例仅取第一个主成分作为综合反映八项体尺指标的标记。如果取主成分作为分类依据，则各项体尺间相关的效应以及可能涉及的一部分共同遗传基础的违实夸大，就自然地被排除了。

本例所取的标记都是体量，这当然不应导致主成分分析在此只限于同类标记之归并的误解。

（四）判别分析

如果人们已经根据事物的若干特征将研究的事物分为几类，那么判别新的事物的归属的基本思想是从已掌握的每一类别（母体）的若干组数据（个体）出发，总结分类的规律性（判别函数）。这样，对于新的个体，由已总结出来的判别函数即可判别它所属的母体，从而达到分类的目的。这种根据不同总体的统计特征来推断样本的归属问题称为判别分析。

判别分析有基于经典数学思想的费歇尔（Fisher）判别、贝叶斯（Bayes）判别、逐步判别等方法，以及基于模糊数学思想的模糊模式判别。在此仅简单介绍费歇尔判别和模糊模式判别。

1. 基于经典数学思想的费歇尔判别

其阶段包括计算判别函数系统、检验判别效果和判别分类。设已知的 G_1 和 G_2 两类事物经验样本如表 8-18 所示。根据使两类间区别最大、每类内差别最小的费歇尔准则，可求出一线性判别函数：

$$y = a_1x_1 + a_2x_2 + \cdots + a_px_p \tag{8.57}$$

表 8-18　G_1 和 G_2 的经验样本

特征	G_1					G_2				
	1	2	$\cdots$	n_1	均值	1	2	$\cdots$	n_2	均值
x_1	$x_{11}^{(1)}$	$x_{12}^{(1)}$	$\cdots$	$X_{1n_1}^{(1)}$	$\bar{x}_1^{(1)}$	$x_{11}^{(2)}$	$x_{12}^{(2)}$	$\cdots$	$x_{1n_2}^{(2)}$	$\bar{x}_1^{(2)}$
x_2	$x_{21}^{(1)}$	$x_{22}^{(1)}$	$\cdots$	$X_{2n_1}^{(1)}$	$\bar{x}_2^{(1)}$	$x_{21}^{(2)}$	$x_{22}^{(2)}$	$\cdots$	$x_{2n_2}^{(2)}$	$\bar{x}_2^{(2)}$
$\vdots$	$\vdots$	$\vdots$	$\vdots$	$\vdots$	$\vdots$	$\vdots$	$\vdots$	$\vdots$	$\vdots$	$\vdots$
x_p	$x_{p1}^{(1)}$	$x_{p2}^{(1)}$	$\cdots$	$x_{pn_1}^{(1)}$	$\bar{x}_p^{(1)}$	$x_{p1}^{(2)}$	$x_{p2}^{(2)}$	$\cdots$	$x_{pn_2}^{(2)}$	$\bar{x}_p^{(2)}$

判别函数 y 是 x_1，x_2，x_3，$\cdots$，x_p 诸特征的线性综合特征值，其作用是将 p 维 x 特征降为一维 y 特征。这样可以用

$$\bar{y}_1 = \sum_{j=1}^{p} c_j\bar{x}_j^{(1)}, \bar{y}_2 = \sum_{j=1}^{p} c_j\bar{x}_j^{(2)}$$

分别作为 G_1 和 G_2 类经验样本综合指标的代表；而用

$$\sum_{i=1}^{n_1}(y_i^{(1)} - \bar{y}_\mathrm{I})^2, \sum_{i=1}^{n_2}(y_i^{(2)} - \bar{y}_\mathrm{II})^2, (\bar{y}_\mathrm{I} - \bar{y}_\mathrm{II})^2$$

分别表示 G_1、G_2 类内的离散度及 G_1 与 G_2 的类间差异。

欲使同类内离散度最小而类间差异最大，则 a_1，a_2，$\cdots$，a_p 应使

$$\lambda = \frac{Q}{F} = \frac{(\bar{y}_\mathrm{I} - \bar{y}_\mathrm{II})^2}{\sum\limits_{i=1}^{n_1}(y_i^{(1)} - \bar{y}_\mathrm{I})^2 + \sum\limits_{i=1}^{n_2}(y_i^{(2)} - \bar{y}_\mathrm{II})^2} \tag{8.58}$$

达到最大。

通过解正规方程组可以得出判别函数。当判别函数经检验显著后，则

$$y = \sum_{j=1}^{p} c_j x_j \tag{8.59}$$

可用作判别用。

对经验样本每一个体计算 $y_i^{(1)}$ ($i = 1, 2, \cdots, n_1$)或 $y_i^{(2)}$ ($i = 1, 2, \cdots, n_2$)。然后得到 $\bar{y}_1$ 与 $\bar{y}_2$，则

$$y_c = \frac{n_1 \bar{y}_1 + n_2 \bar{y}_2}{n_1 + n_2} \tag{8.60}$$

可作为判别一个样品归属于 G_1 或 G_2 的门限值，即当 $\bar{y}_1 < \bar{y}_{II}$ 时，若 $y < y_c$，则样品归属 G_1；若 $y > y_c$，则样品归属 G_2。

同理，多类判别与两类判别基本方法一样，只是计算过程有所区别。在进行多变量分类判别时，不但计算成倍增加，且往往不能提高判别效果。为了克服上述弊病，可采取逐步判别分析方法。其思想是每步选判别能力最强的自变量进入判别函数，且在每次选变量之前都对已选入的各变量逐个检验其显著性，如发现有某自变量不显著，就剔除它，这样逐步选入和剔除，直到使最后进入判别函数的自变量都显著为止。

高腾云、孔庆友（2000）利用体重、体尺和繁殖 8 项指标对全国 19 个山羊品种进行系统聚类分析，包括中卫山羊、西藏山羊、河西绒山羊、承德山羊、新疆山羊、内蒙古山羊、武安山羊 7 个品种，而将其他 12 个品种作为另一类。在此基础上逐步进行判别分析，经筛选剔除了 5 项变量，引入了体重（X_2）、性成熟（X_5）和初配月龄（X_6）3 个变量。得到了两个类别的判别函数表达式。

2. 基于模糊数学思想的模糊模式判别

根据待鉴别的事物与已知各类事物一般特性，其数学模型是否相符以及符合程度判断其所属类别的过程称为模式识别。在通常的模式识别（即经济方法识别和语言方法识别）中模型是明确的，但作为客观事物的模型往往带有不同程度的模糊性，用模糊集合来表示，因此称之为模糊模式识别。

模糊模式判别式的建立思想：将研究对象的有效信息（性状、标记）视作元素，将各对象在集团或群体中的频率作为各元素对模糊子集的隶属函数。当判别对象与某已知集团的贴近度为最大时，则称判别对象隶属于该已知集团，即与该已知集团的性质相似。

（1）利用正态分布建立概率判别式。当研究对象的有效信息（性状、标记）符合正态分布时，即可利用正态分布求出研究对象在已知集团的分布范围之内（落在接受区）的概率或偏离已知集团（落在否定区）的概率。

当研究对象落在已知集团的分布范围之内，则说明该研究对象具有与已知集团相似的性质；当研究对象落在已知集团的否定区时，即认为该对象不完全属于该已知集团。倘若该研究对象亦落在另一个已知集团的否定区，可以比较该研究对象离两个已知集团的接受区的远近，凡近者（即隶属程度或贴近度较大），则说明该研究对象属于对应的已知集团。

常洪（1998）提出用正态离差概率表示的判别式：

$$
(I.X)_j = \begin{cases} \dfrac{1}{2}\left(1 - \displaystyle\int_0^{\lambda} \dfrac{2\mathrm{e}^{-\frac{\lambda^2}{2}}\,\mathrm{d}\lambda}{\sqrt{2\pi}}\right) & \text{如 } P_{xj} < P_{ij}^{\min} \\[2em] 1 & \text{如 } P_{xj}^{\min} < P_{xm} < P_{ij}^{\max} \\[2em] \dfrac{1}{2}\left(1 - \displaystyle\int_0^{\lambda'} \dfrac{2\mathrm{e}^{-\frac{\lambda'}{2}}\,\mathrm{d}\lambda}{\sqrt{2\pi}}\right) & \text{如 } P_{xj} > P_{ij}^{\max} \end{cases} \tag{8.61}
$$

式中，$\lambda = \dfrac{P_{xj} - P_{ij}^{\min}}{\sigma_{ij} + \sigma_{xj}}$，$\lambda' = \dfrac{P_{xj} - P_{ij}^{\max}}{\sigma_{ij} + \sigma_{xj}}$；$P_{xj}^{\max}$、$P_{ij}^{\min}$ 分别为第 i 品种集团第 j 基因的最高、最低频率；P_{xj} 为被识别品种第 j 基因的频率；σ_{ij} 为第 i 品种集团第 j 基因的标准差；σ_{xj} 为被识别品种第 j 基因的标准差。

例 8-7　在一个辽阔地域，一个畜种已根据 5 个等位基因的频率划分为 3 大集团 A、B、C；有一个待识别的品种 X。根据识别式进行识别的步骤如下：

① 根据已有资料，分别确定 3 大品种集团 5 个等位基因频率的最高、最低品种值 $p_{ji}^{\max\cdot}$ 和 $p_{ji}^{\min\cdot}$，计算品种集团基因频率的标准差 σ_{xj}。

② 根据已知的被识别品种基因频率 p_{xj}，计算或估计其标准差 σ_{xj}。

③ 逐个使 p_{xj} 和 3 个品种集团相应的 $p_{ji}^{\max\cdot}$、$p_{ji}^{\min\cdot}$ 相比较，计算 λ 和 λ'。

④ 确定或计算 $(\underset{\sim}{I},\underset{\sim}{X})_j$，并据以确定 $(\underset{\sim}{I},\underset{\sim}{X})$。

例如被识别品种 X 和 A 品种集团的上述各数据见表 8-19。

表 8-19　被识别品种 X 和 A 品种集团的各数据

j	1	2	3	4	5
$p_{ji}^{\max\cdot}$	1	·223	·054	·005	1
$p_{ji}^{\min\cdot}$	·723	0	0	0	·885
σ_{Aj}	·086	·179	·044	·002	·052
p_{xj}	·696	·045	·259	0	·059
σ_{xj}	·031	·014	·029	0	·017
λ 和 λ'	·231	·0	2.793	0	12.045
$(\underset{\sim}{A},\underset{\sim}{X})_j$	·987	·1	0085	1	0

则 $(\underset{\sim}{A},\underset{\sim}{X})_j = \min\{(\underset{\sim}{A},\underset{\sim}{X})_j \mid j = 1,2,\cdots,5\} = 0$，而 $(\underset{\sim}{B},\underset{\sim}{X})_j = 1$，$(\underset{\sim}{C},\underset{\sim}{X})_j = 0$

⑤ 按"择近"原则确定品种 X 属于哪个集团，根据结果可以判明 X 是 B 集团中的一员。
虽然上述公式是以基因频率的形式表示的，亦适用于任何有效信息（性状、标记等）。
但是该判别式在各群体集团均出现某些等位基因频率为 0 与某些等位基因频率近乎为 1 的现象时，可能会导致判别结果与群体实际血统不符或模棱两可。特别是等位基因频率的极端值（0或1）对结果影响极大，此时会导致各群体集团与各群体有极高的内积（近乎为1）和极低的外积（近乎为0），而这两种情况决定了该判别式会出现较高的贴近度，进而导致判别结果有时与群体实际血统不符或模棱两可，因此该判别式的判别结果并不总能全面反映受鉴别群体与已知集团之间基因频率的异同。

（2）根据距离（不相似性）衍生而来的判别式。计算距离的方法很多，在此以线性距离为例。

设：$\underset{\sim}{A}$、$\underset{\sim}{B}$ 为同一论域的某两个模糊子集，则

绝对线性距离为

$$d(A,B)=\sum_{i=1}^{n}\left|\mu_{\underset{\sim}{A}}(x_i)-\mu_{\underset{\sim}{B}}(x_i)\right|;$$

相对线性距离为

$$\varepsilon(\underset{\sim}{A},\underset{\sim}{B})=\frac{1}{n}\sum_{i=1}^{n}\left|\mu_A(x_i)-\mu_B(x_i)\right|=\frac{1}{n}\mathrm{d}(A,B);$$

线性模糊度为

$$\xi(\underset{\sim}{A},\underset{\sim}{B})=2\varepsilon(\underset{\sim}{A},\underset{\sim}{B})。$$

则 $\underset{\sim}{A}$ 与 $\underset{\sim}{B}$ 间的贴近度可定义为

$$(\underset{\sim}{A},\underset{\sim}{B})=1-\xi(\underset{\sim}{A},\underset{\sim}{B})=1-\frac{2}{n}\sum_{i=1}^{n}\left|\mu_{\underset{\sim}{A}}(x_i)-\mu_{\underset{\sim}{B}}(x_i)\right| \tag{8.62}$$

（注：①当被研究对象以基因频率表示时，则该识别对象与已知集团的贴近度又可称为遗传贴近度。②上述距离是以线性距离为基础表示的，但事实上并非仅限于线性距离，其他诸如欧氏距离等亦可作为推导的基础。）

（3）利用相似系数建立判别式。文献提出以下三种贴近度法。

① 最大最小法。

$$r_{ij}=\frac{\sum_{k=1}^{m}\min(x_{ik},x_{jk})}{\sum_{k=1}^{m}\max(x_{ik},x_{jk})} \tag{8.63}$$

② 算术平均最小法。

$$r_{ij}=\frac{\sum_{k=1}^{m}\min(x_{ik},x_{jk})}{\frac{1}{2}\sum_{k=1}^{m}(x_{ik},x_{jk})} \tag{8.64}$$

③ 几何平均最小法。

$$r_{ij}=\frac{\sum_{k=1}^{m}\min(x_{ik},x_{jk})}{\sum_{k=1}^{m}(x_{ik},x_{jk})} \tag{8.65}$$

（4）一般贴近度的识别模型。

① 数学备忘录：内积和外积。

设： $\underset{\sim}{A}$ 和 $\underset{\sim}{B}$ 是有限论域上的两个模糊集，则

$$\underset{\sim}{A} \cap \underset{\sim}{B} = \vee\left[\mu \underset{\sim}{A}(X) \wedge \mu \underset{\sim}{B}(X)\right](x \in X) \text{ 和 } \underset{\sim}{A} \cup \underset{\sim}{B} = \wedge\left[\mu \underset{\sim}{A}(X) \vee \mu \underset{\sim}{B}(X)\right](x \in X)$$

分别是 $\underset{\sim}{A}$ 和 $\underset{\sim}{B}$ 的内积和外积。内积是先就相同元素对 $\underset{\sim}{A}$、$\underset{\sim}{B}$ 的隶属函数取小值，再就所有元素取大值；外积是先就相同元素取大值，再就所有元素取小值。

符号 $\cap$ 为"先取小后取大"之意；$\cup$ 为"先取大后取小"之意。

例 8-8　令 $X = \{X_1 、 X_2 、 X_3\}$，

$$\underset{\sim}{A} = \frac{0.6}{X_1} + \frac{0.8}{X_2} + \frac{1}{X_3},$$

$$\underset{\sim}{B} = \frac{0.4}{X_1} + \frac{0.6}{X_2} + \frac{0.8}{X_3}, \text{ 则}$$

$$\underset{\sim}{A} \cap \underset{\sim}{B} = (0.6 \wedge 0.4) \vee (0.8 \wedge 0.6) \vee (1 \vee 0.8) = 0.8$$

$$\underset{\sim}{A} \cup \underset{\sim}{B} = (0.6 \vee 0.4) \wedge (0.8 \vee 0.6) \wedge (1 \wedge 0.8) = 0.6$$

② 识别式及其根据。如果把已知的品种集团和被识别的品种都视为有限论域中的模糊子集，以各基因为元素，以品种集团或被识别品种的基因频率为各元素对模糊子集的隶属函数，那么根据贴近度的一般定义，即两个模糊子集的内积跟外积之补余值（1-外积）的平均数，有

$$(\underset{\sim}{I}, \underset{\sim}{X}) = \frac{1}{2}\left[\underset{\sim}{I} \cdot \underset{\sim}{X} + 1 - (\underset{\sim}{I} \odot \underset{\sim}{X})\right] \tag{8.66}$$

式中，$\underset{\sim}{I} \cdot \underset{\sim}{X} = \underset{p_j \in p}{\vee}[\mu_{\underset{\sim}{I}}(P_j) \wedge \mu_{\underset{\sim}{X}}(P_j)]$，$\underset{\sim}{I} \odot \underset{\sim}{X} = \underset{p_j \in p}{\wedge}[\mu_{\underset{\sim}{I}}(P_j) \vee \mu_{\underset{\sim}{X}}(P_j)]$。

公式（8.66）有时也可作识别式。

③ 应用。此式（8.66）只适用于二择其一的识别。也就是说，只有在被识别品种肯定属于两个集团中的一个，但不知道是哪个时，此式才有用。

例 8-9　两个已知的品种集团 $\underset{\sim}{A}$ 和 $\underset{\sim}{B}$，4 个基因 a、b、c、d 的频率按顺序为

$$\underset{\sim}{A} = \left\{\frac{0.25}{a} + \frac{0.75}{b} + \frac{0.20}{c} + \frac{0.80}{d}\right\}$$

$$\underset{\sim}{B} = \left\{\frac{0.25}{a} + \frac{0.40}{b} + \frac{0.70}{c} + \frac{0.30}{d}\right\}$$

受识别的品种 X 该 4 个基因的频率为

$$\underset{\sim}{X} = \left\{\frac{0.30}{a} + \frac{0.70}{b} + \frac{0.35}{c} + \frac{0.65}{d}\right\}$$

因而，X 与两个集团的贴近度各为 $(\underset{\sim}{A}, \underset{\sim}{X}) = 0.5$，$(\underset{\sim}{B}, \underset{\sim}{X}) = 0.4$。

所以 X 应属于 A 集团。

（5）遗传贴近度。如将已知的品种集团和受识别的品种都视为有限论域中的模糊子集，以所研究的基因为元素，以品种集团或品种中的基因频率为各元素对模糊子集的隶属

函数,那么已知品种集团和受识别品种之间基因频率的线性模糊度,则可定义为线性遗传模糊度(linear genetic fuzzy degree),而 1 减线性模糊度之差,合乎逻辑地应定义为遗传贴近度(genetic approach degree)。因而,被识别品种和已知品种集团的遗传贴近度为

$$(\underset{\sim}{I},\underset{\sim}{X})=1-\xi(\underset{\sim}{I},\underset{\sim}{X}) \qquad (式右为线性遗传模糊度)$$

$$=1-\frac{2}{K}\sum_{j=1}^{K}\left|\mu_I(p_j)-\mu_x(P_i)\right| \qquad (8.67)$$

式中,$\mu_{\underset{\sim}{I}}(P_j)$ 和 $\mu_{\underset{\sim}{X}}(P_i)$ 分别代表第 j 等位基因在对第 i 已知集团和受识别品种的隶属函数(亦即各自的基因频率);K 是所研究的等位基因数。

同样根据"择近"原则,可据以确定未知品种属于哪个集团。

例 8-10 如果以这个模式识别例 8-9 中的品种 X,则它与两个已知集团的遗传贴近度分别为

$$(\underset{\sim}{A},\underset{\sim}{X})=1-\frac{2}{4}[(0.30-0.25)+(0.75-0.70)+(0.35-0.25)+(0.80-0.65)]=0.825$$

$$(\underset{\sim}{B},\underset{\sim}{X})=1-\frac{2}{4}[(0.60-0.30)+(0.70-0.40)+(0.70-0.35)+(0.65-0.30)]=0.35$$

据此分析,X 属于 A。

无论有多少个已知的品种集团,公式(8.67)这个识别式都适用。它反映了受判别群体与已知群体集团所有基因频率的差别,其实质就是 1 减已知集团与受判别群体的平均遗传距离,在遗传学和数学上都较其他判别式严谨,采用该式既能使遗传贴近度符合物种以内各群体血统归属处于动态的模糊性的客观事实,又能根据模糊集合理论中的"择近"原则对受鉴别群体判别其血统归属。它在遗传学和数学上都较前三者严谨。

第九章　DNA 与氨基酸序列的遗传演变

一、DNA 序列的遗传演变

（一）突变

1. 突变的类别

既然一切可遗传的生理、形态变异（包括突变）都是 DNA 所携带的遗传信息所控制的，因此这些突变归根到底是 DNA 分子中某些变化的结果，而 DNA 变化有四种可能类型：①核苷酸缺失（deletion）；②核苷酸插入（insertion）；③核苷酸倒位（invertion）；④核苷酸取代（substitution）。

如果缺失、插入都出现在蛋白质的编码区，无论涉及几个碱基，都有可能改变核苷酸序列的阅读框（reading frame），这些插入、缺失称为移码突变（frameshift mutation）。

阅读框：DNA 序列中三、三相连的三联体密码子序列。从第一个、第二个、第三个核苷酸开始，三联体密码子可以以三种不同的语域被阅读；但只有一种可以拼读出正确的蛋白质。

核苷酸的取代有转换（transition）和颠换（transversion）两种方式：转换如一个嘌呤被另一个嘌呤取代；颠换指一个嘌呤被另一个嘧啶取代（图 9-1）。

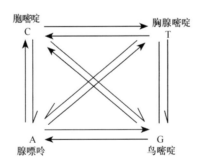

图 9-1　4 种核苷酸的转换与颠换关系图

注：图中横线皆为转换，对角线和竖线皆为颠换。

在大多数 DNA 片段中转换的频率远远高于颠换。

在 DNA 的编码区核苷酸取代按照对氨基酸的影响分为同义取代、非同义取代、无义突变：①同义取代又称为沉默取代，取代的结果还是同义密码子；②非同义取代又称为氨基酸更换性的取代，实质是导致非同义密码子的更替；③无义突变导致形成终止密码子的突变。

2. 关于突变的可能机制

大多数同义取代出现在密码子的第 3 位置，只有少数出现在第 1 位置，而出现在第 2 位置的取代要么是非同义取代，要么是无义取代。

研究表明在 DNA 突变中插入和缺失的发生频率非常高，特别是在 DNA 非编码区，插入或缺失可以是一个核苷酸，也可能是一大段 DNA。短的插入或缺失可以用 DNA 复制后的差错来解释。而一大段 DNA 的插入或缺失不能用上述机制来说明。目前认为可能有以下原因：

（1）DNA 转座：在转座子的作用下 DNA 片段在染色体间移动。

（2）DNA 复制过程中非等量交换（不等交换）。

（3）在特殊情况下物种间的水平基因（horizontal gene）的转换。

（二）基因表达过程中密码子的使用频率

1. 密码子使用频率的偏倚的原因

如果每个核苷酸位点上核苷酸取代是随机发生的，那么每个位点上 A、T、C、G 四种核苷酸应当以等概率出现。因而，如果不存在自然选择作用也没有突变基因偏倚，就可以期待编码同一氨基酸的各种同义密码子以相等的频率出现，如 GUU、GUC、GUA、GUG 均可编码缬氨酸。

理论上上述四种密码子出现的频率应相等，但是在广泛的观察和观测中，这种情况经常不是事实，也就是编码同一个氨基酸的不同的同义密码子通常有不同的频率，某些密码子有更多的使用频率，甚至成为专用密码子，而有些密码子很少使用甚至不使用。原因是多方面的，主要的原因如下。

（1）细胞内同种 tRNA 的丰度不同。在高表达的基因中，密码子使用的频率与密码子相对应的 tRNA 的多少密切相关。

如大肠杆菌的 RNA 聚合酶中，由于与 CGU、CGC 相匹配的 tRNA 比与其他密码子 CGA、CGG、AGA、AGG 相匹配的 tRNA 多得多，因此 CGU、CGC 几乎成为专用的密码子，其他四种差不多不使用。实验已发现特定 tRNA 的丰度同整个基因组中编码该 tRNA 的基因拷贝数有关（正相关）。

总之，翻译过程中似乎倾向于使用更丰富的同功 tRNA 来产生蛋白质，而不是使用稀少的 tRNA。

（2）净化选择压（purifying selection pressure）。在中度表达的基因如大肠杆菌的苏氨酸、色氨酸合成酶基因，编码同一氨基酸的所有密码子差不多同等使用。根井（Nei）认为这可能是由于该情况下翻译速度不快或者说不需要很快的翻译速度，导致稀有的 tRNA 也可被利用上。相反，在高表达基因中，不能与丰度的 tRNA 相匹配的密码子承受较大选择压，从而被净化选择所淘汰。

（3）偏倚突变压（biased mutation pressure）。在细菌中，基因组核苷酸 G+C 的含量因种类不同而在 25%～75% 之间，这是由于不同细菌在核苷酸水平上 GC⇌AT 的两种突变压力不同造成的。如支原体 *Mycoplasma Capricolumn* 中从 GC⇌AT 的突变压远远高于回原压，几乎使密码子第 3 碱基不是 A 就是 T，G 或 C 极少见，而另一些细菌 *Micrococus lutes* 与之相反，第 3 碱基是 G 或 C。当然 G+C 的含量有时与预期的 GC 频率不一致，原因是维持蛋白质功能而存在的选择机制，密码子第 2 位的取代全是非同义的，在第 2 位主要是功能的制约（即选择）而不是突变压造成的。

密码子第 1 位取代中有小部分是同义的，对第 1 位的作用介于第 2 位和第 3 位之间。

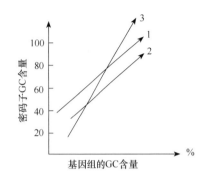

图 9-2　Muto-Osawa 密码子和基因组 GC 含量相关关系图

武腾（A. Muto）、大佚（S. Osawa）设计过 11 种细菌的第 1 密码子 GC 含量与第 2、3 位密码子的关系。

Muto-Osawa 密码子和基因组 GC 含量相关关系图（图 9-2）说明：①在密码子第 3 位 GC 的含量几乎决定（接近）相应基因组的 GC 含量；②在密码子第 2 位 GC 的含量与相应的基因组 GC 的关系斜率远远低于第 3 位，说明第 2 位上的突变压很小，其 GC 含量主要受制于蛋白质功能有关的净化选择制约，而不是受突变压造成的；③在密码子第 1 位 GC 的含量与相应的基因组 GC 的关系斜率介于第 3 位和第 2 位之间。

Muto 和 Osawa 的统计分析可以证实密码子使用同时受净化选择压和偏倚突变压两个方面的制约；密码子使用的偏倚是由相匹配的 tRNA 丰度（即净化选择压）和偏倚突变压共同造成的。

2. 密码子使用频率偏倚程度的变量

在特定氨基酸中各种同义密码子出现次数，足以说明密码子使用偏倚程度。但是在不同基因，不同生物各密码子出现的次数不足以描述密码子偏倚程度，因为所检测的密码子总数可能不同。

对于不同基因密码子使用频率的偏倚水平，20 世纪 80 年代 P. M. Sharp 提出相对同义密码子使用频率（RSCU），该概念目前被分子数量遗传学研究者广泛使用，并且成为分析一个基因的全序列乃至一个基因组的全序列的密码子使用频率、偏倚水平的各种探讨中度量方法的共同基础。

RSCU 定义如下所述。

设：m 为编码一个特定氨基酸的同义密码子的数目；X_i 为编码该氨基酸的第 i 种（个）密码子的观察值（$i=1$, 2, 3, $\cdots$）；$\overline{X}$ 为编码该氨基酸的各个同义密码子的预期使用次数，所有密码子都有相等使用概率下，每种应出现的次数为 $\overline{X} = \sum X_i / m$。

则同义密码子相对使用频率（RSCU）为

$$RSCU = \frac{X_i}{\overline{X}} = \frac{mX_i}{\sum X_i} \tag{9.1}$$

根据上述概念，对 RSCU 定义如下：就特定氨基酸而言，某种同义密码子使用次数的观察值跟各同义密码子同等使用假定下该密码子使用次数预期值的比值。

例 9-1　大肠杆菌（E. coli）RNA 聚合酶中，编码脯氨酸的 4 个密码子 CCU、CCC、CCA、CCG，观察次数分别为 9、0、11、55。

解：
由上述可得 $m=4$，$\sum X_i = 9+0+11+55=75$

则四个密码子的 *RSCU* 分别为 $RSCU_{CCU}=0.48$，$RSCU_{CCC}=0$，$RSCU_{CCA}=0.59$，$RSCU_{CCG}=2.93$。

关于脊椎动物密码子使用频率偏倚呈现更复杂情况：在不同组织中基因有不同的表达，基因组的不同区域 GC 含量也不同，研究证明脊椎动物的基因组是富 GC 区和贫 GC 区的嵌合体，富者 GC 的含量可达 60%，贫者可不足 30%，一个富 GC 区域一个贫 GC 区，其长度可达 300kb，并且其中包含功能基因，这种相连的连续的富 GC 区或贫 GC 区称为同质区（isochore）。

同质区有些引人关注的性质目前尚不清楚：

① 同质区内基因密码子第 3 位 GC 含量通常接近整个同质区的 GC 含量；

② 两个不同（富、贫）的同质区的边界异常狭窄，有的不足 10 碱基；

③ 恒温脊椎动物（如哺乳类、鸟类）各含 2 种富 GC 区和 2 种贫 GC 区，而冷血动物中富 GC 区极为罕见。

这 3 个性质涉及同质区的起源，是进化遗传学中的未解之谜，鉴于此，同种动物的同一氨基酸在不同基因的富 GC 区同义密码子使用频率是不同的，应当分别关注和统计。

例 9-2　人类 DNA 富 GC 区和富 AT 区（贫 GC 区）关于 Leu 和 Ile 的资料见表 9-1。

表 9-1　人类 DNA 富 GC 区和富 AT 区（贫 GC 区）关于 Leu 和 Ile 的资料

amino acid	codon	富 GC 区		贫 GC 区（富 AT 区）	
		$\sum=120$	*RSCU*	$\sum=120$	*RSCU*
亮氨酸 Leu	UUA	1	(0.05)	20	(1.00)
	UUG	6	(0.30)	20	(1.00)
	CUU	4	(0.20)	25	(1.25)
	CUC	28	(1.40)	16	(0.80)
	CUA	3	(0.15)	11	(0.55)
	CUG	78	(3.90)	28	(1.40)
异亮氨酸 Ile	AUU	11	(0.44)	40	(1.60)
	AUC	61	(2.44)	19	(0.76)
	AUA	3	(0.12)	16	(0.64)

如亮氨酸 $m=6$，$\sum X_i=120$，根据公式（9.1），富 GC 区与贫 GC 区同义密码子相对使用频率依次为 0.05、0.30、0.20、1.40、0.15、3.90，而贫 GC 区分别为 1.00、1.00、1.25、0.80、0.55、1.40。

如异亮氨酸 $m=3$，$\sum X_i=75$，根据公式（9.1），富 GC 区与贫 GC 区同义密码子相对使用频率依次为 0.44、2.44、0.12，而贫 GC 区分别为 1.60、0.76、0.64。

（三）两个 DNA 序列间的核苷酸差异

1. 差异的基本质量

上述关于 DNA 编码区密码子第 1、2、3 位置的核苷酸的取代方式的差异（反映密码子的使用频率），只是 DNA 序列遗传演变的复杂性的一个小小的侧面。DNA 有多种多样的区域，如内含子、外显子、侧翼区、重复序列、插入序列都有各自的进化方式。以下只讨论 DNA 编码区（编码 RNA 或蛋白质）两个序列间核苷酸的差异。

来自同一条 DNA 祖先序列的两条后裔序列之间的核苷酸的差异水平和分化时间存在正变关系。两个序列分歧水平的简单度量指标是两者间的"同核苷酸的位点比例"。

设：n 为所检测的配对的位点数；n_d 为两个序列间不同核苷酸的位点数。

则不同核苷酸位点比例 $\hat{p}$ 为

$$\hat{p} = \frac{n_d}{n} \tag{9.2}$$

以受检测位点中歧异位点的比例为基础对两个 DNA 序列差异水平的估计，又称为核苷酸间的 P 距离值。

如果 DNA 的核苷酸位点都有相同的核苷酸取代概率，那么两序列之间不同核苷酸数 n_d 服从二项分布，因此 $\hat{p}$ 距离的方差为

$$V(\hat{p}) = \frac{\hat{p}(1-\hat{p})}{n} \tag{9.3}$$

2. 转换-颠换比

在任意两个序列 x 和 y 中，都有 4 种不同核苷酸 A、T、C、G，两个序列之间任意一个核苷酸位点上一对核苷酸的组成有 $4^2=16$ 种。

将 16 种组合整理如图 9-3，对角线右下左上为相同核苷酸，无取代；对角线右上左下为进化过程中发生转换；其余 8 种为颠换类型。

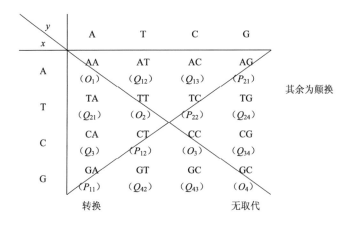

图 9-3　4 种核苷酸任意两序列位点上转换和颠换频率情况

O_1、O_2、O_3、O_4 代表发生频率（无取代）：4 种；P_{21}、P_{22}、P_{12}、P_{11} 代表转换频率：4 种；Q_{11}、Q_{12}、Q_{13}、Q_{14} 等代表颠换频率：8 种。

则 $O=O_1+O_2+O_3+O_4$；$P=$ 所有转换频率的累计；$Q=$ 所有颠换频率的累计。

如果 4 种核苷酸的取代是随机事件，当概率很小时，$Q=2P$，但如前所述，转换的频率通

常都高于颠换，即 $P > Q$，当序列间歧异水平低时，转换和颠换的比值可用观察值来进行估计：

$$\hat{R} = \frac{\hat{P}}{\hat{Q}} \qquad (9.4)$$

式中，$\hat{P}$ 是 P 的观察值；$\hat{Q}$ 是 Q 的观察值。

在核基因中 $\hat{R}$ 通常为 0.5～2 范围，在线粒体 DNA 中 $\hat{R}$ 可能高达 15 甚至更高，和一切抽样检测的参数一样，如果检测的核苷酸较少，就存在抽样误差和估计值的可靠性问题，在这种情况下分析 $\hat{R}$ 的方差就显得特别重要。理论上，$\hat{R}$ 的方差的近似取值为

$$V(\hat{R}) = R^2 \left(\frac{1}{nP} + \frac{1}{nQ} \right) \qquad (9.5)$$

式中，R 为总体的转换-颠换比，在实际计算时可用实际观察值 $\hat{R}$ 来代替。

通常核苷酸取代数的估计是以每个序列的核苷酸频率处于平衡状态为基础，也就是说，正、反方向的转换型数目相等，正、反方向的颠换型数目相等。

图 9-3 中：$P_{11}=P_{21}$，GA 与 AG 两种类型核苷酸取代相等；$P_{12}=P_{22}$，CT 与 TC 两种类型核苷酸取代相等；$Q_{12}=Q_{21}$，AT 与 TA 两种类型核苷酸取代相等。

（四）核苷酸取代数的数学模型

当两个核苷酸序列间亲缘关系很近时，P 距离就可以估计每个位点上的核苷酸取代数。

当两个核苷酸序列间亲缘关系疏远时，即 P 较大时，P 距离估计值就是很不精确的低估值，因为其没有考虑回原即核苷酸的反突变和平行突变，所以 P 距离并不是通用的衡量核苷酸取代数的方法。为此，目前有几种估计核苷酸取代数的数学模型，下面介绍两种最常用和通用的模型。

1. Jukes-Cauton 模型（"朱康模型"）

（1）模型及其原理。

该模型的假定：

① 任意位点的核苷酸都以相同的频率发生取代，每一位点核苷酸每年（或其他时间单位）以 α 概率衍变为其他 3 种核苷酸中的任意一种，如

② 因此任意核苷酸在一年中（或其他单位时间）衍变为其他 3 种核苷酸中任意一种的概率 $r=3\alpha$，r 为每年位点发生衍变的总概率。

③ 在 t 年前从共同祖先序列分化成 x 和 y 两序列，q_t 代表 x 和 y 间相同核苷酸的比例，p_t 代表 x 和 y 间相异核苷酸的比例。

$$p_t = 1 - q_t \qquad (9.6)$$

那么就可以从以下思路考虑 $t+1$ 时 x 和 y 序列核苷酸相同的位点：

第一，从时间 t 到 $t+1$，x 和 y 序列间核苷酸相同的位点保持核苷酸原样不变的概率是 $(1-r^2)$。

当 r 很小时，就可取近似值 $(1-r^2) \approx 1-2r$。

第二，从时间 t 到 $t+1$，两个序列间由于核苷酸替换，原来不同的核苷酸位点会有一部分衍变为相同的核苷酸位点，这部分概率来自两方面：

A. 在时间 t，x 和 y 序列某位点的核苷酸序列可分别为 i 和 j；到时间 $t+1$，在 x 序列中 i 转变为 j，在 y 序列中 j 序列保持不变。这种情况的发生概率是 x 序列中 i 转变为 j 的概率 α 与 y 序列中 j 序列保持不变的概率 $(1-r)$ 的乘积。

则衍变发生概率为 $\dfrac{r}{3}(1-r)$。

B. 在时间 t，x 和 y 分别等位点的核苷酸序列可分别为 i 和 j；到时间 $t+1$，在 x 序列中 i 保持不变，在 y 序列中 i 转变为 j。

则衍变发生概率为 $\dfrac{r}{3}(1-r)$。

因而不同核苷酸位点转变为相同核苷酸的概率为上述两者之和，即 $\dfrac{2r}{3}(1-r) \approx \dfrac{2}{3}r$。

由此得差分方程：

在 $t+1$ 代，相同的核苷酸比例为

$$q_{t+1} = (1-2r)q_t + \frac{2}{3}r(1-q_t) ,$$

可变换为

$$q_{t+1} - q_t = \left(\frac{2}{3}\right)r - \left(\frac{8}{3}r\right)q_t$$

利用连续模型 $\dfrac{\mathrm{d}q}{\mathrm{d}t}$ 代表 $(q_{t+1}-q_t)$，消除 q_t 之下标 t。则有

$$\frac{\mathrm{d}q}{\mathrm{d}t} = \left(\frac{2r}{3}\right) - \left(\frac{8r}{3}\right)q$$

设：初始条件 $t=0$，$q=1$（由于来自同一祖先），解方程得

$$q = 1 - \left(\frac{3}{4}\right)(1-\mathrm{e}^{-8rt/3}) \tag{9.7}$$

在这个模型，两个序列的每一位点的核苷酸取代期望值 $2rt$，所以两个序列之间核苷酸取代的总数 d 为

$$d = -\left(\frac{3}{4}\right)\ln[1-\left(\frac{4}{3}\right)p] \tag{9.8}$$

式中，$p=1-q$，即两序列间不同核苷酸位点的比例。

在实际研究中，可用 $\hat{p}$ 代表 P，求出 d 的估计值 $\hat{d}$。

两个序列核苷酸取代总数估计的方差

$$V(\hat{d}) = \frac{9p(1-p)}{(3-4p)^2 n} \tag{9.9}$$

式中，n 是所检测的核苷酸位点的总数。

Jukes-Cauton 模型基于每对核苷酸都以相同的概率发生取代，所以该模型中 A、T、C、G 的最终期望频率为 $\frac{1}{4}$，但是此模型也存在异议：由不同核苷酸衍变为相同核苷酸，Jukes-Cauton 模型存在一定不足，比如其模型会忽略以下方面：如 x 序列中的 k 部分→i 部分，y 序列中的 j 部分→i 部分，虽发生概率很小，但实际有偏差。

（2）应用。

例 9-3 人类和猕猴线粒体细胞色素 b 的基因 DNA 序列中观察到 10 对核苷酸（表 9-2）。

表 9-2 人类与猕猴线粒体细胞色素 b 的基因 DNA 序列中的 10 对核苷酸

密码子位置	相 同 对				转 换 对		颠 换 对				n_d	n
	TT	CC	AA	GG	TC	AG	TA	TG	CA	GG		
1	68	93	100	56	21	22	5	1	5	4	58	375
2	140	87	71	45	20	3	6	1	0	2	32	375
3	11	122	102	2	60	16	6	5	49	2	138	375
合计	219	302	273	103	101	41	17	7	54	8	228	1125

解：

① 在各核苷酸位点包含的不同核苷酸位点的比例。

第 1 密码子：$\hat{P}_1 = \dfrac{n_d}{n} = \dfrac{21+22+5+1+5+4}{375} = 0.155$

第 2 密码子：$\hat{P}_2 = \dfrac{n_d}{n} = \dfrac{20+3+6+1+0+2}{375} = 0.085$

第 3 密码子：$\hat{P}_3 = \dfrac{n_d}{n} = \dfrac{138}{375} = 0.368$

3 位置合计：$\hat{P} = \dfrac{228}{1125} = 0.203$

此即以人类与猕猴的线粒体细胞色素 b 基因为依据的 P 距离。

总计 P 距离之方差：

$$V(\hat{P}) = \frac{\hat{P}(1-\hat{P})}{n} = \frac{0.203 \times (1-0.203)}{1125} = 1.44 \times 10^{-4}$$

② 各位置的转换-颠换比 R。

第 1 密码子：$\hat{R}_1 = \dfrac{21+22}{5+1+5+4} = 2.87$

第 2 密码子：$\hat{R}_2 = \dfrac{23}{9} = 2.56$

第 3 密码子：$\hat{R}_3 = \dfrac{76}{62} = 1.23$

位置合计：$\hat{R} = \dfrac{142}{86} = 1.65$

R 的估计误差：

因为 $\hat{P}=142$　$\hat{Q}=86$　$n=1125$

所以 $V(\hat{R})=R^2\left(\dfrac{1}{n\hat{P}}+\dfrac{1}{n\hat{Q}}\right)=1.65^2\left[\dfrac{1}{1125}\left(\dfrac{1}{142}+\dfrac{1}{86}\right)\right]=4.52\times10^{-5}$

③ 各位置的核苷酸取代总数 d。

第 1 密码子：$\hat{d}_1=-\left(\dfrac{3}{4}\right)\log_e\left[1-\left(\dfrac{4}{3}\right)\hat{P}_1\right]=-\left(\dfrac{3}{4}\right)\log_e\left[1-\dfrac{4}{3}\times0.155\right]=0.174$

第 2 密码子：$\hat{d}_2=-\left(\dfrac{3}{4}\right)\log_e\left[1-\dfrac{4}{3}\times0.085\right]=0.090$　　（最保守，主要受选择影响）

第 3 密码子：$\hat{d}_3=-\dfrac{3}{4}\log_e\left[1-\dfrac{4}{3}\times0.368\right]=0.506$

从全序列来看：$\hat{d}=-\dfrac{3}{4}\log_e\left[1-\dfrac{4}{3}\times0.203\right]=0.237$

3 个位置总计 d 的估计方差（每个位置均比总计的要大）为

$$V(\hat{d})=\frac{q\hat{p}(1-\hat{p})}{(3-4\hat{p})^2 n}$$

因为 $n=1125$

所以 $V(\hat{d})=\dfrac{9\times0.203\times(1-0.203)}{(3-4\times0.203)^2\times1125}=2.704\times10^{-4}$

2. 木村的双参数法（Kimura 模型）

（1）有关模型的说明。

设：P 为代表 DNA 序列中转换对的频率；Q 为代表 DNA 序列中颠换对的频率；α 为每年任一位点的转换取代率（即转换 A→G、G→A、C→T、T→C 的取代率）；β 为每年任一位点向任一种特定相异核苷酸颠换的取代频率，而且两种类型的颠换频率相等，皆为 β。

每一种核苷酸的转换只有一种可能结果，每一种核苷酸的颠换有两种可能结果，如

假定转换的取代率不同于颠换的取代率，即 $\alpha\neq2\beta$。

又设：r 为代表每年每个位点核苷酸位点取代的总频率（包括颠换和转换）；t 为代表一对核苷酸序列分化演变的年数（或其他时间单位）；d 为全序列每年每个位点的核苷酸取代数（指检测的全序列，并非基因组全序列）；S 为所检测的序列一个位点的核苷酸转

换的取代率；V 为所检测的序列一个位点的核苷酸颠换的取代率。

在这些假定下，木村证明了以下关系：

① $$P=\left(\frac{1}{4}\right)\left(1-2\mathrm{e}^{-4(\alpha+\beta)t}+\mathrm{e}^{-8\beta t}\right) \tag{9.10}$$

② $$Q=\left(\frac{1}{2}\right)\left(1-\mathrm{e}^{-8\beta t}\right) \tag{9.11}$$

③ 两个序列间每个位点核苷酸取代数的期望值为

$$d=2rt=2\alpha t+4\beta t=-\left(\frac{1}{2}\right)\log_{\mathrm{e}}(1-2P-Q)-\left(\frac{1}{4}\right)\log_{\mathrm{e}}(1-2Q) \tag{9.12}$$

$\hat{d}$ 可由相应的观察值 P 和 Q 来取代公式（9.12）计算得到，$\hat{d}$ 的方差为

$$V(\hat{d})=\frac{1}{n}[C_1^2P+C_3^2Q-(C_1P+C_3Q)^2] \tag{9.13}$$

式中，n 为检测的核苷酸位点总数；校正系数 $C_1=1/(1-2P-Q)$；校正系数 $C_2=1/(1-2Q)$；校正系数 $C_3=(C_1+C_2)/2$。

在该模型，所检测序列中一个位点的转换取代率 S 与颠换取代率 V 分别为

$$S=-\left(\frac{1}{2}\right)\log_{\mathrm{e}}(1-2P-Q)+\left(\frac{1}{4}\right)\log_{\mathrm{e}}(1-2Q)=-\left(\frac{1}{2}\right)\log_{\mathrm{e}}\frac{1}{C_1}+\left(\frac{1}{4}\right)\log_{\mathrm{e}}\frac{1}{C_2} \tag{9.14}$$

$$V=-\left(\frac{1}{2}\right)\log_{\mathrm{e}}(1-2Q)=-\left(\frac{1}{2}\right)\log_{\mathrm{e}}\frac{1}{C_2} \tag{9.15}$$

S 和 V 的估值 $\hat{S}$ 和 $\hat{v}$ 的方差分别为

$$V(\hat{S})=\frac{1}{n}\left[C_1^2P+C_4^2Q-(C_1P+C_4Q)^2\right] \tag{9.16}$$

$$V(\hat{v})=\frac{1}{n}\left[C_2^2Q(1-Q)\right] \tag{9.17}$$

式中，$C_4=(C_1-C_2)/2$。

因此，按照木村模型，转换–颠换比 $\hat{R}=\hat{S}/\hat{V}$，其实质是 $\alpha/2\beta$。

这个比值反映了生物学含义与前述朱康模型中公式 $\hat{R}=\hat{P}/\hat{Q}$ 相同，但估计的数学定义有出入，因此数值不同。

此外，在有关木村模型中，经常有一个转换–颠换比 $k=\alpha/\beta$。

（2）应用。

对例 9-3 以密码子 2 作为全序列分析。

解：

① P 和 Q 的估计，r 的合并。

$$\hat{P}=\frac{23}{375}=0.0613,\ \hat{Q}=\frac{6+1+0+2}{375}=0.024,\ r=\frac{32}{375}=0.085$$

② d 的估计。

$$d = -\left(\frac{1}{2}\right)\log_e(1-2P-Q) - \left(\frac{1}{4}\right)\log_e(1-2Q)$$

$$= -\left(\frac{1}{2}\right)\log_e(1-2\times0.0613-0.024) - \frac{1}{4}\log_e(1-2\times0.024) = 0.09156$$

③ 计算一系列校正系数 C_1、C_2、C_3、C_4。

$$C_1 = \frac{1}{1-2\times0.0613-0.024} = 1.17178$$

$$C_2 = \frac{1}{1-2\times0.024} = 1.0504$$

$$C_3 = \frac{1.17178+1.0504}{2} = 1.1109$$

$$C_4 = \frac{1.17178-1.0504}{2} = 0.0609$$

④ 计算 $\hat{d}$ 的误差（d 的估计误差）。

$$V(\hat{d}) = \frac{1}{n}\left[C_1^2 P + C_3^2 Q - (C_1 P + C_3 Q)^2\right]$$

$$= \frac{1}{375}\left[1.17178^2\times0.0613+1.1109^2\times0.0204-(1.17178\times0.0613+1.1109\times0.024)^2\right]$$

$$= 3.2931\times10^{-4}$$

⑤ S 和 V 值及其估计误差。

$$S = -\left(\frac{1}{2}\right)\log_e(1-2P-Q) + \left(\frac{1}{4}\right)\log_e(1-2Q)$$

$$= -\left(\frac{1}{2}\right)\log_e(1-2\times0.0613-0.024) + \left(\frac{1}{4}\right)\log_e(1-2\times0.024) = 0.06697$$

$$V = -\left(\frac{1}{2}\right)\log_e(1-2\times0.024) = 0.02460$$

$$V(\hat{S}) = \frac{1}{n}\left[C_1^2 P + C_4^2 Q - (C_1 P + C_4 Q)^2\right]$$

$$= \frac{1}{375}\left[1.17178^2\times0.0613+0.06069^2\times0.024-(1.17178\times0.0613+0.0609\times0.024)^2\right]$$

$$= 2.0870\times10^{-4}$$

$$V(\hat{V}) = \frac{1}{n}\left[C_2^2 Q\times(1-Q)\right] = \frac{1}{375}\left[1.0504^2\times0.024\times(1-0.024)\right] = 6.8919\times10^{-5}$$

⑥ 转换-颠换法的估计。

$$\hat{R} = \frac{\hat{S}}{\hat{V}} = \frac{0.06697}{0.02460} = 2.72$$

$$\hat{k} = \frac{\alpha}{\beta} = \frac{20+3}{4}\Big/\frac{6+1+0+2}{8} = 5.33$$

二、氨基酸序列的遗传演变

目前，由于 DNA 的测序比氨基酸测序更为简便准确，一般可根据遗传密码由 DNA 序列推导出氨基酸序列，所以关于 DNA 序列的研究片氨基酸序列的研究更为活跃，但是关于氨基酸序列的研究仍是分子数量遗传学尤其是分子进化遗传学领域中一个不可忽视的部分，原因如下：

（1）氨基酸序列比 DNA 序列保守，能对基因、物种进化提供更简洁、可靠的信息。

（2）因而，在群体以上的检测单位如生态种、亚种、物种乃至更高分类学阶元进化历程的遗传检测，其所需个体样本数较少，可以在比 DNA 序列检测样本数少得多的条件下获得关于频率分布同等可靠的估计值。

（3）蛋白质编码基因 DNA 序列的对位排列分析，需要用氨基酸序列校正。

（4）氨基酸序列遗传演变的数学模型比前述关于 DNA 序列的模型简单地多。

在氨基酸序列遗传演变的定量分析中，氨基酸取代所体现的分化距离是一个核心问题。

（一）两个氨基酸序列间差异的度量

多肽链或蛋白质的遗传演变研究最先是由两个物种的氨基酸序列的比较开始的，始于 20 世纪 60 年代，随后这种研究拓展到多个物种氨基酸序列间的比较，形成了两种度量方法。

1. 两个序列间氨基酸的差异数 n_d

在所比较的序列间，氨基酸总数（用 n 表示）相同，氨基酸差异数 n_d 就是序列间歧异水平的客观度量值。

2. P 距离，即序列间有差异的氨基酸所占的比例

$$P = \frac{n_d}{n} \tag{9.18}$$

式中，n 为所比较的两个或多个氨基酸序列间的氨基酸位点数，简单地说是所比较的氨基酸位点数；n_d 为有差异的氨基酸位点数，简单地说是有差异的位点数；P 为有差异的氨基酸所占的比例。

如果所有氨基酸位点的取代都以相同概率发生，则 n_d 的出现应当服从二项分布，在这种假定下 P 距离的方差为

$$V(\hat{P}) = \frac{P(1-P)}{n} \tag{9.19}$$

在实际的检测实验中，在数据分析时可用观察值来取代，即用 $\hat{P}$ 取代 P。

从理论上说，P 距离分析也适应于序列间氨基酸位点数（总数）不相同时候的度量比较，但是在目前的研究中，都通常将受测序列的中任何一个序列出现缺失（有间隔）的位点删除，以便得到各序列间的对应比较。Nei（根井）曾经研究过 6 种脊椎动物 Hb-α

链上的差异，这些物种血红蛋白 α 链共有 144 个氨基酸位点，其中 4 个位点 1 个或 4 个物种存在缺失，因而取 $n=140$。各序列间的 n_d 及 P 见表 9-3。

表 9-3　6 种脊椎动物 Hb-α 链氨基酸序列的 n_d 和 P 距离

n_d ＼ P	人	马	牛	袋鼠	蝾螈	鲤
人		17	17	26	61	68
马	0.121		17	29	66	67
牛	0.121	0.121		25	63	65
袋鼠	0.186	0.207	0.179		66	71
蝾螈	0.436	0.471	0.450	0.471		74
鲤	0.486	0.479	0.464	0.507	0.529	

注：对角线右上方为 n_d；对角线左下方为 P 距离；表中数据排除了缺失与插入。

表 9-3 展示：不论 n_d 或 P 距离都与物种间亲缘关系远近的既有知识相吻合，两者都可以反映氨基酸序列分化的时间长短，但是 P 距离与分化时间是一种正变关系，而不是线性关系。

以下是 P 距离随时间 t 分化的关系图 9-4。

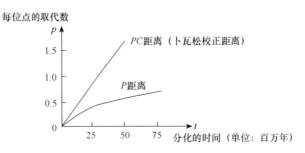

图 9-4　P 距离随时间 t 分化的关系图

（二）序列间差异度量值的卜瓦松校正

P 距离与序列间分化时间 t 呈现非线性关系的一个重要原因是：n_d 只是 t 期间最后表现为互不相同的位点数。实际上，同一氨基酸位点可能在 t 期间已发生过多次取代。氨基酸序列发生的取代数可用卜瓦松分布作出更精确的估计。

【回顾：卜瓦松（poisson distribution）事件出现只有两种可能性，P 极低，接近于 $P \to 0$，但观察次数 $k \to \infty$，$P(k)$ 是一个常数，此时二项分布演变成卜瓦松分布，只有一个参数 $u = \sigma^2$。

卜瓦松分布：

$$P(k) = \frac{e^{-m} \cdot m^k}{k!} \tag{9.20}$$

式中，m 为平均数；k 为次数。】

氨基酸序列发生的取代数可用卜瓦松分布假定。

设：r 代表特定位点每年的氨基酸替换率，同时假定每个氨基酸位点的替换率相同；t 为氨基酸序列间分化的年数（以百万年为单位）；n 为多肽链包含的氨基酸位点数；q 为两个同源氨基酸位点均无取代发生的概率；d 为两个同源氨基酸序列间每个位点氨基酸取代的总数。

则根据卜瓦松分布的概率公式，可知：

$$P(k; t) = e^{-rt}(rt)^k/k! \tag{9.21}$$

式中，rt 为 t 年期间各个位点氨基酸取代的平均数，因而在 t 期间某个氨基酸位点不变的概率（即发生 0 次替换，$k=0$ 的概率）为

$$P(0; t) = e^{-rt}(rt)^0/(0!) = e^{-rt}$$

因此，整个多肽链不变氨基酸（没有发生取代）的位点总数为 $n \cdot e^{-rt}$。

但是，在实际分析时无法知道两个序列间的祖先氨基酸序列如何，只能通过已经历 t 年分化的两个同源多肽链的比较来估计氨基酸取代数。这样的话，由于一个序列某位点没有氨基酸取代发生的概率就应该为 e^{-rt}，所以两个序列的同源位点均未发生取代的概率 $(e^{-rt})^2 = e^{-2rt} \approx q$，也就是 $q \approx e^{-2rt}$。

这里并没有考虑回原和平行突变（即在不同进化系列中出现导致同源氨基酸发生同一种突变的情况），因而 q 近似为 e^{-2rt}，但是一般来说误差极小。

对任何氨基酸序列而言，除去发生取代的位点就是没有发生取代的位点，这一点对于相比较的两个序列而言同样适用：除去相异即有取代的氨基酸位点就是相同即没有取代的氨基酸位点。因而 $q=1-p$，因此 q 值可通过 $1-\hat{p}$ 来估计，而根据 $q=e^{-2rt}$，有 $\log_e q = -2rt\log_e e = -2rt$。

而 $2rt$ 正是两个同源序列间每个位点氨基酸取代的总数 d（因为 rt 是 t 年间一序列每个位点发生取代的平均数，而两个序列的观察则应为 2 倍），又因为取代为卜瓦松事件（稀有），两个序列在同位点的发生取代的概率极低，可以忽略不计，显然 $d=2rt$（为近似值）。

所以
$$d = -\log_e q = -\log_e(1-p) \tag{9.22}$$

d 的估计值为
$$\hat{d} = -\log_e(1-\hat{p}) \tag{9.23}$$

d 就是关于两个氨基酸序列的差异的卜瓦松校正值，称为卜瓦松校正距离（PC 距离）。从公式（9.22）可知，卜瓦松校正距离 PC 与分化时间呈线性关系（$d=2rt$）。

PC 估计值的方差的估计：

$$V(\hat{d}) = \frac{\hat{p}}{(1-\hat{p})n} \tag{9.24}$$

在已知卜瓦松校正距离 d 和分化时间 t 的条件下，可以估计每年每位点氨基酸的位点的替代率 $\hat{r}$（作为已知条件的 t 通常是从古生物学中获得的数据），即 $\hat{r} = \dfrac{\hat{d}}{2t}$；也可以根据 $\hat{r}$ 替换率来估计分化时间，即 $\hat{t} = \dfrac{\hat{d}}{2r}$。

例 9-4　前述表 9-3 关于 6 种动物 Hb-α 链氨基酸序列间的 P 距离的研究，由此可得人与马有差异的氨基酸位点的比例，即 P 距离，$p=0.121$，那么人、马 Hb-α 链氨基

酸序列差异的卜瓦松校正值即 PC 距离为

$$\hat{d} = -\log_e(1 - \hat{p}) = -\log_e(1 - 0.121) = 0.12897$$

又如人与鲤 P 距离为 $P=0.486$，

则

$$\hat{d} = -\log_e(1 - \hat{p}) = -\log_e(1 - 0.486) = 0.66553$$

又如人和马，人和鲤的卜瓦松距离方差分别为

人-马：

$$V(\hat{d}_1) = \frac{\hat{p}}{(1 - \hat{p})n} = \frac{0.121}{(1 - 0.121) \times 140} = 9.883 \times 10^{-4}$$

人-鲤：

$$V(\hat{d}_2) = \frac{\hat{p}}{(1 - \hat{p})n} = \frac{0.486}{(1 - 0.486) \times 140} = 6.754 \times 10^{-3}$$

又根据古脊椎动物学研究，人与包括家牛在内的偶蹄目哺乳动物的进化分化始于 9000 万年前，即 $t=9000$ 万年。

因此，两者间根据 Hb-α 链 PC 距离 $\hat{d}=0.129$ 确定的氨基酸替换率为

$$r = \frac{\hat{d}}{2t} = \frac{0.129}{2 \times 9.0 \times 10^7} = 7.167 \times 10^{-10}$$

这就是每年每位点的氨基酸替换率（取代率）。

（三）对 PC 距离的讨论——Γ 距离

卜瓦松校正距离值以所有氨基酸位点都有相同取代率假定为基础，实际上对于生命功能而言，那些次要的氨基酸位点往往有更高的取代率，而重要的位点通常有更高的保守性。

Uzzell 和 Corbin 两位指出每个位点的氨基酸替换率 r 的方差，常常大于卜瓦松分布的平均数，近似于负二项分布，从理论上考虑，如果确认每个位点的氨基酸替换率（r）遵循另一种分布即 Γ 分布，那么每个位点氨基酸取代的观察值将是负二项分布。鉴于此，Uzzell 建议以 τ 分布来估计不同位点的取代率可能在更广的范围内比 PC 距离更合理一些。

$$f(r) = \left[b^a / \tau(a) \right] e^{-br} r^{a-1} \qquad (9.25)$$

式中，$a = \dfrac{\bar{r}^2}{v(r)}$ 也就是平均取代率的平方跟其方差的比值，换句话说，平均取代率的平方所相当于取代率方差的倍数；$b = \dfrac{\bar{r}}{V(r)}$ 为平均取代率跟其方差的比值；$\bar{r}$ 为取代率的全序列的均值；V（r）为取代率 r 的方差；τ（a）为 a 的 τ 函数值，理论定义为

$$\tau(a) = \int_0^\infty e^{-t} \cdot t^{a-1} dt \qquad (9.26)$$

这就是说，以 τ 分布来估计各位点的取代率涉及另一参数 a，即以取代率方差为单位

的平均取代率的平方，a 决定 τ 分布的形状，有不同 a 值就有不同的 τ 分布：在 $a \to \infty$ 时，即所有位点都有相同取代率 r 的情况；$a=1$ 时，取代率 r 遵循指数分布，不同位点的 r 有变化，范围较大；$a=0$ 时，相当多的位点 $r \to 0$，有许多很多不变的位点存在，τ 分布更倾斜，与 PC 分布接近。

　　a 值的估计如同数量性状三大遗传参数一样，是一个相对独立的数学分析领域，已有一些数学模型。在估计既定资料的 τ 距离时，通常采用既有的相同基因的 a 的估计值。Uzzell 估计过脊椎动物细胞色素 C 序列的 a 值，取 $a=2$，另外他从多种脊椎动物 50 多对核基因、10 多类线粒体蛋白质为材料所估计 a 的范围为 0.2～3.5。关于前述表 9-3 中 6 种脊椎动物 Hb-α 链氨基酸序列的 a 值，Uzzell 建议 a 取值为 $a=2$。

　　在存在既定 a 值的条件下，（根据前述平均每个位点氨基酸取代总数为 $2rt$，$\hat{q}=1-p$ ），可以按公式（9.27）获得关于氨基酸取代率的 τ 距离的估计值。

$$d_G = a\left[(1-p)^{-\frac{1}{a}} - 1\right] \tag{9.27}$$

式中，d_G 为 τ 距离。

　　如果 a 是既定值，就根据 P 可估计 d_a。

　　同时以公式（9.28）估计 d_G 的方差：

$$V(\hat{d}_G) = \frac{P(1-P)^{-\left(1+\frac{2}{a}\right)}}{n} \tag{9.28}$$

　　例 9-5　前述表 9-3 中 6 种脊椎动物 Hb-α 链氨基酸序列的 d_G 值（对角线下）和 $V(d_G)$ 值（对角线上）（单位 10^{-3}）。

　　按照 Uzzeu 建议取 $a=2$ 得表 9-4。

表 9-4　6 种脊椎动物 Hb-α 链氨基酸序列的 d_G 值和 V（d_G）值　　　　单位：10^{-3}

V（d_G） ＼ d_G	人	马	牛	袋鼠	蝾螈	鲤
人		1.119	1.119	2.005	9.790	13.140
马	0.133		1.119	2.351	12.002	12.605
牛	0.133	0.133		1.897	10.626	11.536
袋鼠	0.217	0.246	0.207		12.471	14.900
蝾螈	0.663	0.750	0.697	0.750		17.033
鲤	0.790	0.771	0.732	0.848	0.914	

　　如人-马，Hb-α 链氨基酸序列的 τ 距离为

$$\hat{d}_G = a[(1-p)^{-\frac{1}{a}} - 1] = 2[(1-0.121)^{-\frac{1}{2}} - 1] = 0.133$$

$$V(\hat{d}_G) = p[(1-p)^{-(1+a/2)}]/n = \frac{0.121 \times [(1-0.121)^{-(1+2/2)}]}{140} = 0.1186 \times 10^{-2}$$

第十章 分子进化与"分子进化钟"

一、生物大分子进化的基本特点与有关学术争论

（一）DNA 高分子进化机制的研究成果

目前，关于 DNA 高分子进化机制的研究得出以下结论：

（1）对于每个信息大分子来说，只要它们的机能相同，那么各种进化路线每年（或其他时间单位）每个位置上以核苷酸（或氨基酸）取代形式为标志的进化速度大致保持恒定。

（2）机能次要的分子或分子的部分的进化速率高于机能重要的分子。

（3）导致大分子功能破坏的核苷酸或氨基酸取代的出现频率，低于维持分子固有机能的核苷酸或氨基酸取代的频率。

（4）DNA 序列重复区段的出现，往往是具有新功能的基因出现的先导。

第 1 点的前提是"机能相同"，故与剩余 3 点不矛盾。

（二）分子进化"中立论"与"新达尔文主义"争论

1. 主要争论的焦点

上述研究结论一般地为遗传学者所普遍接受，但是关于这些研究结论的实质性解释从 20 世纪后期开始，"中立论"与"新达尔文主义"具有重大分歧。

（1）新达尔主义学者的论点。

① 核苷酸或氨基酸的取代速率每年保持不变的机制是各种选择压力相互抵消的结果。

② 进化速率归根结底取决于环境变化的快慢与环境变化出现的频率，例如，像七鳃鳗之类的"活化石"的进化速率，远远低于高等哺乳动物如灵长目动物等处在生活环境急剧变化时期的物种。

③ 生物进化的速率只能以世代为单位的时间来描述，而不能以人类的纪元年（如百万年）来描述，因为分子水平变异只能经历过繁殖过程才能体现为进化。

④ 自然选择是进化的最重要的因素，生物的所有性状都可视为自然选择的产物，"自然选择是遗传信息的源泉，DNA、RNA、酶和其他分子则是它的信使"。

（2）分子进化中立论学者举出一些论点反驳。

① 大多数氨基酸或核苷酸取代是中性突变随机固定的结果，这为大多数学者所接受。

② 群体的中性基因的取代率等于突变率。

③ 进化变异不是外界强加于 DNA 上面的，它是从内部产生的。自然选择是遗传信息的"编者"，而不是其"作者"，它不能免除难以觉察的变异。

④ "分子钟"不必具有跨越巨大分类学阶元的通用性，它可能在某些生物类群（种、属或以下）存在。

（3）进入 20 世纪 90 年代以后，除了新达尔文主义者之外，还有一部分分子遗传学家也对核苷酸或氨基酸取代速率恒定性的观点提出质疑：他们认为无论对基因还是对其产物蛋白质而言，都不可能存在取代速率的定值；因为从长期进化的角度来看，任何特定基因的功能可能发生改变，特别是在从简单有机体向复杂有机体进化的过程中尤其如此。在环境条件发生变化的情况下，基因组的基因数目可能增加，DNA 损伤及其修复机制也因生物类型而不同，因此，从长期进化的角度来看，根本就不存在某种特定恒定的基因，因而也无法确定基因的核苷酸序列发生取代现象的恒定速率。鉴于此，试图发现通用"分子钟"的基因可能是徒劳的。

2. 相关研究的科学意义

如果所谓"分子钟"如前者（分子进化中立论者）所说在特定生物类群中存在，那么，相关研究就具有无可争议的重大意义：
（1）研究生命有机体的进化关系；
（2）估计不同生命有机体间的分歧时间。

二、"分子钟"假说的意义和当前有关实验证据一览

（一）"分子钟"假说

DNA 高分子的系统进化主要是中性突变随机固定的结果；在特定生物类群中，DNA 核苷酸序列发生取代的速率近似地跟物理时间成比例；所编码的氨基酸的替换率而也近似为物理时间的线性变量，因此，在特定生物类群中生命基础 DNA 的核苷酸替换类似于按一定速度转动的时钟；它是追溯生物系统分化历程、认定类群间亲缘关系的基础。

（二）实验证据一览

这一领域的重大科学事件列举如下：
（1）早在 20 世纪，C.D. Laird、D.E. Kolue 等以 DNA-DNA 杂交试验证实大鼠与小鼠的 DNA 演变显著地快于其他哺乳动物，而人类的 DNA 演变相对缓慢地多，因此他们认为核苷酸取代是与世代的长短而不是与物理时间成正比（否定"分子钟"假说的部分内容）。

其后，A.C. Wilson、S. Easteal 等论证 Laird 等用的 DNA-DNA 杂交数据估计核苷酸取代速率存在某些不精确性，而且所依据的大鼠与小鼠的分歧时间1500 万年显然有问题，而关于人与黑猩猩的分歧时间也是 1500 万年是错误的，所以他们认为 Laird 等人的试验不足以说明"分子钟"假说是不对的，但他们并没有以实验数据证明其说法（即 DNA 演变速率的恒定性）是对的。

再后来，R. J. Britten 等广泛收集了 DNA-DNA 杂交试验的数据，仍然发现不同类群间 DNA 进化速率的巨大差别，他认为进化速率的差异源于种群间 DNA 修复系统的差异。

（2）20 世纪末，华裔学者 Wu C-I 和 Li W-H，以 DNA 序列数据对 Laird 关于核苷酸取代与世代数成正比的观点作了验证，它们分别以牛、兔、马作为外缘类型（即坐标参考系）来估计人类和啮齿类（大鼠、小鼠）DNA 序列间同义取代和非同义取代数，结果

发现对于同义突变来说，啮齿类系谱大约是人类系谱的 2 倍，而在非同义突变中两者无显著差异。因为同义突变比非同义突变更多地体现中性突变的特性，所以他们认为就中性突变而言，核苷酸取代数仍然是以世代长短为变化的，从而支持 Laird 的学说。

上述两位的试验受到 Easteal 的批评，后者认为他们采用的基因系谱欠妥，因为鼠类可能比作为外源群（坐标参考系）的牛、兔、马跟人类的关系更为遥远，因此，Wu 和 Li 的结果从根本上不能接受。

随后，Easteal 通过分析存在"并源"（基因重复）关系的珠蛋白基因证实了他们推测，即鼠类与人类比后者与人类的关系更远。他以此为根据重新构建了亲缘系统关系，并且在新的系统关系的背景下发现进化速率大致是恒定的，支持核苷酸序列随物理时间（即人类社会的年、时期）成比例的观点。后来他与其他学者又先后以有袋类动物或者鸡为外类群，进一步证明了上述新的基因系谱。而且证明人类和啮齿类动物同义核苷酸取代数目无显著差异，但在非同义区域后者比人类快 1.5 倍。

（3）另一个备受关注的事实是人类系谱进化速率降低与否的报道：支持前一种观点（即支持降低的）的实验有 3 个。

① 20 世纪 Li 关于 η 珠蛋白假基因的研究，发现在该假基因区域 2000 个碱基的区域，旧大陆的猕猴比人类系谱取代速率快得多，大约为后者的 1.3 倍。后来他的实验室又在其他基因的内含子发现相同的现象。

② Easteal 证实 η 珠蛋白基因区域 10kb 的区段，人类系谱的进化速率比猕猴慢，但是在总数 6kb 的其他 18 个基因，发现人类和猕猴的取代速率无显著差别。

③ S. Seina 在 20 世纪末证明，在胰岛素基因的内含子中，旧大陆的猕猴比人类的核苷酸取代率高，差异显著。

上述支持人类系谱进化率降低的试验。否定人类系谱进化速率降低的试验主要有：Herbert 关于旧大陆的猕猴与人类系谱的 1592 个同义位点和 5275 个非同义位点的研究，证明两者间速率没有显著差异，支持分子钟学说。

总之，至今关于分子钟假说的试验一直进行，争论也未间断，进化理论在继续发展。

三、分子进化相对速率检验方法

（一）以统计学模型为基础的检验

有若干模型都适用于分子进化相对速率的检验，以证实或否定种群间核苷酸取代率恒定。这里主要介绍目前常用的、相对简单的 Fitch 模型。

1. 原理

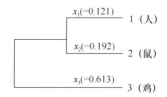

图 10-1　人、鼠、鸡 3 个分支序列核苷酸取代数的估计

图 10-1 中，对位排列的氨基酸位点有 608 个，假定系统树如此，将序列 3（鸡）作为外类群（坐标参考系），并且假设：

d_{12} 为序列 1 对序列 2 的核苷酸（或氨基酸）取代的估计值（用 PC 距离表示）。

d_{13} 为序列 1 对序列 3 的核苷酸（或氨基酸）取代的估计值（用 PC 距离表示）。

d_{23} 为序列 2 对序列 3 的核苷酸（或氨基酸）取代的估计值（用 PC 距离表示）。

x_1、x_2、x_3 分别为 3 个分支序列核苷酸（或氨基酸）的取代数的估计值，这些估计值可按公式（10.1）～（10.3）求得：

$$x_1=(d_{12}+d_{13}-d_{23})/2 \tag{10.1}$$
$$x_2=(d_{12}-d_{13}+d_{23})/2 \tag{10.2}$$
$$x_3=(-d_{12}+d_{13}+d_{23})/2 \tag{10.3}$$

并且根据定义有

$$d_{12}=x_1+x_2 \tag{10.4}$$
$$d_{13}=x_1+x_3 \tag{10.5}$$
$$d_{23}=x_2+x_3 \tag{10.6}$$

如果在序列 1 和序列 2 取代速率相等，那么 x_1 与 x_2 的期望值必相等。但是在实际上，x_1 与 x_2 必然存在统计学误差，因而应当借助零假说 $E(x_1)=E(x_2)$ 进行检验，通过检验以下统计量的显著性来判断两个序列的取代速率是否恒定。

$$D=x_1-x_2=d_{13}-d_{23} \tag{10.7}$$

D 的方差为

$$V(D)=V(d_{13})-2Cov(d_{13},d_{23})+V(d_{23}) \tag{10.8}$$

其中等式右端的 $V(d_{23})$、$V(d_{13})$ 可按下面公式求得：

$$V(\hat{d})=\frac{\hat{p}}{(1-\hat{p})n} \tag{10.9}$$

式中，$V(\hat{d})$ 为 PC 距离方差估计值。

协方差 $Cov(d_{13}, d_{23})$ 按 Fitch 公式获得：

$$Cov(d_{ij},d_{kl})=\frac{p_{ij,kl}+p_{ij}\times p_{kl}}{2n(1-p_{ij})\times(1-p_{kl})} \tag{10.10}$$

式中，p_{ij} 为序列 i 和序列 j 间不同氨基酸的比例；p_{kl} 为序列 k 和序列 l 间不同氨基酸的比例；$p_{ij,kl}$ 为序列 i 和序列 j 不同，而且序列 k 和序列 l 间也不同的位点的比例。

2. 检验分析过程说明

（1）计算序列间的 PC 距离和 D。

$$d_{12}=x_1+x_2=0.121+0.192=0.313$$
$$d_{13}=x_1+x_3=0.121+0.613=0.734$$
$$d_{23}=x_2+x_3=0.192+0.613=0.805$$
$$D=d_{23}-d_{13}=0.805-0.734=0.071（取正值）$$

（2）将序列间的 PC 距离还原为 P 距离（前述已说明 PC 距离用 d 表示）：

$$因为 \quad d = -\log e(1-\hat{p})$$

$$所以 \quad \hat{p} = 1 - e^{-d}$$

$$p_{12} = 1 - e^{-0.313} = 0.2688$$

$$p_{13} = 1 - e^{-0.734} = 0.5200$$

$$p_{23} = 1 - e^{-0.805} = 0.5529$$

$$p_{13 \cdot 23} = 1 - e^{-0.071} = 0.06854$$

（3）计算 d_{13} 和 d_{23} 的方差。

$$V(\hat{d}_{13}) = \frac{0.5200}{(1-0.5200) \times 608} = 0.001782$$

$$V(\hat{d}_{23}) = \frac{0.5529}{(1-0.5529) \times 608} = 0.002034$$

（4）计算 d_{13}、d_{23} 间的协方差。

$$Cov(d_{13}, d_{23}) = \frac{p_{13,23} + p_{13} \times p_{23}}{2n(1-p_{13}) \times (1-p_{23})} = \frac{0.06854 + 0.5200 \times 0.5529}{2 \times 608 \times (1-0.5200) \times (1-0.5529)} = 0.001364$$

（5）计算 D 的方差及标准误差。

$$V(D) = V(d_{13}) - 2Cov(d_{12}, d_{23}) + V(d_{23}) = 0.001782 - 2 \times 0.001364 + 0.002034 = 0.001088$$

$$S(D) = [V(D)]^{\frac{1}{2}} = 0.001088^{\frac{1}{2}} = 0.03298$$

（6）求 Z 值，并查表判断差异水准。

$$Z = \frac{\hat{D}}{S(D)} = \frac{0.071}{0.3298} = 2.15$$

查表知在 $\alpha = 0.05$ 水平上差异显著（因为 $<1.96 < Z < 2.58$，所以 $0.01 < P < 0.05$），即在鼠类的系谱中氨基酸取代数比人类快，或者说，分子进化率恒定的假说就本事例而言与事实不符。

（二）非参数检验（不依据统计模型的检验）

20 世纪 90 年代以来，伴随分子钟假设的争论，关于核苷酸或氨基酸取代速率是否恒定的非参数检验法在应用上有所发展。有几种非参数检验法用于"分子钟"的研究，其中田岛(Tajima)创立的既适于氨基酸也适于核苷酸的分子钟通用检验方法，目前应用频率最高。

1. 原理

设：有 3 条 DNA 序列分别为 1、2、3，其中序列 3 为外类群（作为坐标参考系），3 条序列的每个核苷酸位点共有 5 种不同类型的构型 a、b、c、d 和 e（表 10-1）。

表 10-1 5 种不同的核苷酸构型

核苷酸构型		(a)	(b)	(c)	(d)	(e)
序列	1	i	i	j	j	i
	2	i	j	i	j	j
	3	i	j	j	j	k
核苷酸位点总数		m_0	m_1	M_2	m_3	M_4
		(238)	(34)	(54)	(207)	(75)

其中，a 代表 3 条序列都有 4 种相同的核苷酸之一，i=T 或 C 或 A 或 G；b 代表序列 1 是一种核苷酸，而序列 2 和 3 有相同的核苷酸，但它们与序列 1 不同；c 代表序列 2 有一种不同于序列 1 和 3 的核苷酸序列，而 1 和 3 相同；d 与 a 不同。

因为序列 3 是外类群（作为坐标参考系），因此对于序列 1 和 2 而言：（b）表示核苷酸取代发生在序列 1；（c）表示取代发生在序列 2。其余 3 种构型（a）、（d）、（e），对于分枝 1 和 2 相比较而言都没有信息。

设：1 代表人类；2 代表大鼠；3 代表鸡。基因是白蛋白序列。相对于人和大鼠而言，b 和 c 构型提供了相比较的信息。

又设：n_{ijk} 为序列 1、2 和 3 上分别为核苷酸 i、j、k 的观察值。

在"分子钟"假定条件下（核苷酸取代率恒定），必定有：$n_{ijk}=n_{jik}$，即 $E(n_{ijk})=E(n_{jik})$。因此，如果否定零假说 $E(n_{ijk})=E(n_{jik})$，即拒绝了分子钟假说。

2. 检验方法说明

在上例中，只需考虑构型（b）和（c）的核苷酸位点总数。

据此有

$$m_1 = \sum_i \sum_{j \neq i} n_{ijj} = 34$$

$$m_2 = \sum_i \sum_{j \neq i} n_{iji} = 54$$

如果分子钟假设成立，必定有 $E(m_1)=E(m_2)$。因此，可用 df=1 的 χ^2 测验来判断"分子钟"假说是否符合人和大鼠以鸡为外类群时白蛋白序列取代的实际情况。

$$\chi^2 \approx \frac{(m_1 - m_2)^2}{m_1 + m_2} = \frac{(35-54)^2}{34+54} = 4.455$$

此 χ^2 值在 α=0.05 水平上显著 [因为 $\chi^2_{0.05}(1) = 3.841$，$\chi^2_{0.01}(1) = 6.635$]，因此就本例提供的情况而言，分子钟不成立。

必须说明以上两个分析例子也是为了说明目前分子数量遗传学界关于分子钟检验的常用方法，而并非强调这份资料所产生的结论。因为如前所述，也有许多肯定"分子钟"的研究报告。

3. 非参数检验方法的推广

田岛还论证过检验可以区分转换和颠换取代时分子钟是否成立的公式。

在前述假定下，将 m_i 分成转换位点数和颠换位点数两部分，因而有以下各个分析值。

转换的数目：$S_1=n_{AGG}+n_{GAA}+n_{TCC}+n_{CTT}$

颠换的数目：$V_1=m_1-S_1$

同理：$S_2=n_{AGA}+n_{GAG}+n_{CTC}+n_{TCT}$

　　　$V_2=m_2-S_2$

假定序列 3 为外类群，这样零假说就应该为：$E(S_1)=E(S_2)$ 且 $E(V_1)=E(V_2)$

用 $df=2$ 的 χ^2 测验分子钟是否成立：

$$\chi^2 = \frac{(S_1-S_2)^2}{S_1+S_2} + \frac{(V_1-V_2)^2}{V_1+V_2}$$

然后查表，若差异显著，分子钟被否定，但并非所有试验都否定分子钟。

（三）以系统发育检验"分子钟"假设的方法简介

"分子钟"假说也可用系统发育进行检验。二簇检验（two chuster tset）最先由武崎（Tako zaki）于 1955 年验证。

1. 原理

检测两个各有多序列的簇的平均取代率是否相同，而两簇有一个给定的树的节点来定义，这种检验方法也称为多序列的相对速率的检验法（图 10-2）。

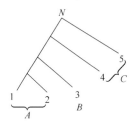

图 10-2　发育簇及节点示意图

图 10-2 中有 A、B、C 簇（其实每个簇均可包含任意多个序列，C 簇为外类，N 为节点）。

令：b_A 为从节点 N 到 A 的顶端每个位点取代平均数的估计值；b_B 为从节点 N 到簇 B 顶端每个位点取代平均数的估计值。

在分子钟假设成立即在取代率恒定的情况下，b_A 与 b_B 间差异期望值 y 应为 0，即

$$y=b_A-b_B=0$$

又设：L_{AB} 为簇 A 对簇 B 间的平均距离；L_{AC} 为簇 A 对簇 C 间的平均距离；L_{BC} 为簇 B 对簇 C 间的平均距离。

$$L_{AB} = \sum_{i\in A, j\in B} \frac{d_{ij}}{n_A \cdot n_B} \qquad\qquad (10.11)$$

式中，d_{ij} 为序列 i 与序列 j 间的距离。

其中 n_A、n_B、n_C 分别代表簇 A、B、C 所代表的序列数。本例中 $n_{A=2}$，$n_{B=1}$，$n_{C=2}$，则

$$L_{AC} = \sum_{i\in A, j\in C} \frac{d_{ij}}{n_A \cdot n_C}$$

$$L_{BC} = \sum_{i \in A, j \in C} \frac{d_{ij}}{n_B \cdot n_C}$$

$$L_{AB} = \frac{d_{13} + d_{13}}{2 \times 1}$$

$$L_{AC} = \frac{d_{14} + d_{15} + d_{24} + d_{25}}{2 \times 2}$$

$$L_{BC} = \frac{d_{34} + d_{35}}{2 \times 1}$$

b_A 和 b_B 可由下式估计

$$b_A = (L_{AB} + L_{AC} - L_{BC})/2$$

$$b_B = (L_{AB} - L_{AC} + L_{BC})/2$$

$$所以 y = b_A - b_B = L_{AC} - L_{BC}$$

y 的方差为

$$V(y) = \left[\sum_{i \in A, j \in C} V(d_{ij}) + 2 \sum_{ik \in A, jl \in C} Cov(d_{ij}, d_{kL}) \right]$$

$$\times \frac{1}{(n_A \cdot n_C)^2} + \left[\sum_{i \in B, j \in C} V(d_{ij}) + 2 \sum_{ik \in A, jl \in C} Cov(d_{ij}, d_{kL}) \right]$$

$$\times \frac{1}{(n_B \cdot n_C)^2} + 2 \sum_{i \in A, k \in B, l \in C} Cov(d_{ij}, d_{kL})/(n_A \cdot n_B \cdot n_C)^2 \quad (10.12)$$

根据 y 及其方差值，可用 z 检验来判断 y 与 0 的差异是否显著，以及"分子钟"是否成立。有两点说明：

（1）关于距离及其方差的估计公式。

更多的学者采用"Jukes-Cauton 模型"（"朱康"模型）来估计核苷酸或氨基酸的取代，此种情况下 d 的估计按公式（10.13）进行。

$$d = -\left(\frac{3}{4} \right) \log_e \left[1 - \left(\frac{4}{3} \right) P \right] \quad (10.13)$$

式中，d 既可作核苷酸取代总数，又可作氨基酸的取代数。

$$V(\hat{d}) = \frac{9p(1-p)}{(3-4p)^2 \cdot n} \quad (10.14)$$

式中，n 为检测的位点的总数。

序列间核苷酸或氨基酸取代的协变量估计，按公式（10.15）完成：

$$Cov(d_{ij}, d_{kl}) = \frac{p_{ijkl} - p_{ij} \times p_{kl}}{2n \left(1 - \frac{4}{3} p_{ij} \right) \left(1 - \frac{4}{3} p_{kl} \right)} \quad (10.15)$$

式中，n 为所测的位点总数；p_{ij}、p_{kl}、p_{ijkl} 定义同上，p_{ij} 为序列 i 与 j 间不同核苷酸或氨基酸数所占比例。

可以利用上式测验 $y = b_A - b_B$ 是否与 0 存在显著差异，从而验证分子钟条件成立与否。

（2）二簇检验实验上不限于一对簇间的检验，以相同的思路可以进行任意数目的簇之间的取代速率是否恒定（相同），如果除了 C 簇（外来簇）有 m 个簇，计算 y 时就含有 $m-1$ 个节点，该条件下的零假说的条件是 $E(y_1)=E(y_2)=\cdots=E(y_{m-1})=0$。

2. 一个实例体现的分支结构

20 世纪末，Russo 和武歧以编码乳醇脱氢酶 Adh 的基因序列分析果蝇属 39 个物种进化速率是否恒定，以另一个属的物种 *Scaptodrossophila lebanonensis* 作为外类群，对 *Adh* 基因 759 个核苷酸的序列进行对位排列，其中两个簇的分析见图 10-3。

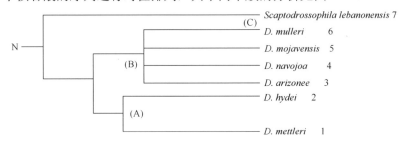

图 10-3　*Adh* 基因 759 个核苷酸的序列对位排列中的两个簇

本例中，$n_{A=2}$，$n_{B=4}$，$n_{C=1}$。

$$L_{AB} = \frac{d_{13}+d_{14}+d_{15}+d_{16}+d_{23}+d_{24}+d_{25}+d_{26}}{2\times 4}$$

$$L_{AC} = \frac{d_{17}+d_{27}}{2\times 1}$$

$$L_{BC} = \frac{d_{37}+d_{47}+d_{57}+d_{67}}{4\times 1}$$

$$b_A=(L_{AB}+L_{AC}-L_{BC})/2=0.0539$$

$$b_B=(L_{AB}-L_{AC}+L_{BC})/2=0.0692$$

$$y=b_A-b_B$$

$$S(y) = [V(y)]^{\frac{1}{2}}$$

$$Z = \frac{y}{S(y)}$$

本例计算结果：

$$b_A=0.0539$$
$$b_B=0.0692$$
$$V(y)=0.00005625$$
$$y=0.0153$$
$$S(y)=0.0075$$
$$Z=2.04（即 u 测验值）$$

在 5% 的水准差异显著，说明就这二簇 *Adh* 进化而言，不符合"分子钟"进化的假说。

第十一章　动物遗传资源保种方案的制订

我国是世界上畜禽遗传资源最为丰富的国家之一，我国地方畜禽具有丰富的遗传多样性、耐粗、肉质好、生产力高、抗逆性强、有害基因频率低等特点，拥有宝贵的遗传资源是我国畜禽业发展的基础动力和基础素材。但是，一方面随着畜牧业改良工作的开展，尤其是欧美等外来品种的引进，我国的畜禽遗传资源受到了前所未有的挑战；另一方面由于人为的或自然的因素，我国的畜禽遗传资源亦在逐渐减少，部分品种有的已经濒绝，甚至灭绝。

一、动物遗传资源保护的内涵

1. 动物遗传资源保护的对象

明确保护对象，是畜禽遗传资源调查、描述、评估、分类与保护的前提。

（1）遗传资源的概念。动物遗传资源是指动物本身以及所有的体细胞和生殖细胞系，它们属于：①目前利用的或新开发的物种、亚种或品种；②过时的物种或品种；③未驯化的或相关的野生种；④特殊的遗传品系。

畜禽遗传资源包括 4 个层次的内容：群体水平上的品种、品变或品系；个体水平的可遗传变异性状；细胞水平的染色体或基因突变；分子水平上的 DNA 或核苷酸变异。因此，畜禽遗传资源本质上是基因资源，保护畜禽遗传资源就是保护基因的多样性。

（2）切实选择好畜禽遗传资源的保护对象。中国农业大学吴常信院士指出："畜禽资源以猪、牛、禽为主要对象；以高产、优质、抗病和节粮（或高饲料转化效率）为主目标；以影响肉、蛋、奶的产量质量和饲料转化效率等主要经济性状的主效基因和标记基因为研究重点。"中国畜禽遗传资源丰富多样，保护所有畜禽品种，或仅从畜禽品种的基因类型归类来予以保存都是不全面的。前者不加选择，在实践上是不可能实现的，后者没有考虑到多基因效应的作用，而仅考虑单基因的作用，这与遗传多样性的本质是相矛盾的，况且要全部摸清每个品种的基因类型在短期内是难以完成的，即使完成了动物基因组测序的工作，但要弄清每个基因的功能短期内也是不现实的。因此，遗传资源的保护从本质上讲，是保护决定遗传资源主要经济性状的主基因。

2. 动物遗传资源保护的方法

（1）静态保种：主要指尽可能保持原种群的遗传结构、保持其特有的基因频率和基因型频率，防止任何遗传信息从群体中丢失。

（2）进化保种：允许保种群内的自然选择的存在，群体基因和基因型频率随选择而变化，群体保持较高的适应性。

（3）系统保种：指依据科学的思想，把一定时空内某一畜禽品种所具有的全部基因种类和基因组的整体作为保存对象，综合应用现今尽可能利用的科学手段，建立和筛选能够最大限度地保存畜禽品种基因库中全部基因种类和基因组的优化理论和技术体系。系统保种是保护基因多样性的好方法。

3. 动物遗传资源保护的指导思想

积极动用政府与社会各方面的力量，采用动物遗传资源学现代保种理论和技术，选择和采取切实、有效的遗传资源保护方式。

在保护好现有种群遗传多样性的基础上，将保种和选育结合起来，依托当地保种场和资源场，结合现有市场需求以及品种的独特性状，明确选育目标，制定科学的选育技术方案，培育新品系，使之向专门化方向发展，既为未来畜牧业的发展储存遗传素材，又使遗传资源的开发适应当前社会经济发展的需要，注意有效保种与积极开发利用相结合。

4. 动物遗传资源的保护目标

保持动物遗传多样性，其基本内容是保持孟德尔群体的遗传多样性、保持孟德尔群体多样化的基因组合体系和保持特定位点的基因纯合态以及基因组合体系的稳定性。

因此应保护能够反映品种特性的重要经济性状；同时，为了未来育种事业的需要和人们的长远利益，对那些暂时生产性能低下，经济利用价值不高，但有特点、有潜在利用价值的性状也应进行保护。

5. 动物遗传资源的保护方法和技术措施

遗传资源保护方法目前主要有两类：

（1）原位保护：即在原有环境中，对动物群体进行主动选育利用，使其遗传多样性（包括等位基因变异、基因型变异等）既能短期利用又能长期保存。具体方法是在原产地建立1～2个资源场，划定保护区。

（2）异位保护：即把一个资源的动物样本或遗传物质，在脱离其正常生产或居住环境的条件下保存，以便将来可以重建该动物群体。作为原位保护辅助性手段，主要是将可繁殖细胞冷冻保存和动物胚胎保存。

要根据受保护品种的分布状况和目前的保种形势、种群数量及保种与选育目标，选择合适的遗传资源保护方法，目前建议采用多点保种方案，即保种场和保护区相结合，在未来或条件允许的情况下辅之以胚胎保存和精液保存。

二、群体遗传多样性保持的原理及保种方案的制订

1. 近交增量和群体有效规模

群体内遗传多样性的保持，落实在计量尺量上，有第六章讨论的各种指标：多态性、杂合度、基因多样度、平均密码子差数等。这些指标在世代相继过程中下降的幅度，或者说，群体遗传多样性减少的概率，一般以一代间群体平均近交系数增量即近交率（rate of inbreeding）来表示。

（1）近交增量。J. F. Crow 将近交系数定义为由父母双方的相同基因复制组成个体一对等位基因的概率，也就是说，由来自双亲的同一种等位基因占据个体一个位点的概率。那么，一代间群体平均近交系数增量，也就是这个概率值在一个世代中上升的幅度。

近交系数 F 的余值，即 $P=1-F$，称为随机交配指数（panmictic index）。据前者的概念可知，所谓随机交配指数乃是由双亲的不同等位基因复制组成个体一对等位基因的概率。因此，一代间畜群平均近交系数增量实际上也就是畜群平均随机交配指数在同一期间减少的量，即

$$\Delta F = F_t - F_{t-1} = P_{t-1} - P_t \tag{11.1}$$

畜群平均随机交配指数显然和第六章说明过的群体基因多样度（即从各位点随机抽出两个不同等位基因的平均概率之全群均值）相吻合。所以，近交增量即近交率是标志群体遗传多样性下降速率的一个适宜的指标。

需要稍加说明的是，群体平均随机交配指数和群体基因多样度虽然吻合却不等同。前者是从近交系数引申出来的概念；近交系数强调个体一个位点上的同种等位基因是来自双亲的相同"基因复制品"，而"原版"则携带于双亲在可以追溯的世代中的共同祖先；也就是说，它只包括来自可以追溯的共同祖先的基因在个体纯合化的概率，其他纯合化位点的比例不在其中。或者说，近交系数和随机交配指数都不涉及独立纯合体，与群体固有的遗传多态性无关，这是两者在基础上和群体平均基因多样度的区别。当然，如果从进化论的角度来观察，双亲携带的一切相同等位基因都可作为它们在系统发生（phylogeny）上有亲缘关系的证据；随机交配指数和近交系数都是扣除了孟德尔群体随机化的、平均关系之后的概率。近交率作为群体遗传多样性减少的速率，是严谨的。

（2）群体有效规模（effective size of population）。除了群体规模之外，还有一些其他因素也影响近交率。

群体有效规模是指就决定近交率的效果而言，群体实际规模所相当的"理想群体"的规模。而所谓"理想群体"乃是规模恒定、雌雄各半（或雌雄同体），没有选择、迁移和突变，也没有世代交错的随机交配（包括自体受精）的群体。

2. 机制

以下从"影响近交率"的角度来分析保持群体遗传多样性的有关机制。

（1）群体规模。群体规模对近交率的影响有两个途径：直接影响与遗传漂变速度。

① 直接影响。Crow 曾经证明，在（雌雄同体的）理想群体中，群体规模 N 与近交率 ΔF、t 代后的近交系数 F_t 存在以下关系：

$$\Delta F = \frac{1}{2N} \tag{11.2}$$

$$F_t = 1 - \left(1 - \Delta F\right)^t \tag{11.3}$$

由于是在"理想群体"中的关系，公式（11.2）中的 N 就是群体有效规模。

家畜群体不存在自体受精，所以实际规模和有效规模不等同。如以 N_e 代表群体有效规模，S. Wright 证明过在其他前提不变的条件下：

$$N_\mathrm{e} = N + \frac{1}{2} \tag{11.4}$$

因此，在家畜群体中：

$$\Delta F = \frac{1}{2N_\mathrm{e}} = \frac{1}{2N+1} \tag{11.5}$$

$$F_t = 1 - \left(1 - \frac{1}{2N+1}\right)^t \tag{11.6}$$

这两个公式改变一下形式，则有：

$$N = \frac{1}{2}\left[\frac{1}{1-(1-F_t)^{\frac{1}{t}}} - 1\right] \tag{11.7}$$

$$t = \frac{\ln(1-F_t)}{\ln\left(1 - \dfrac{1}{2N+1}\right)} \tag{11.8}$$

例 11-1　要使畜群自群繁殖 4 代以后的近交系数不高于 1.5625%，所以必需的最小规模是 126.75≈127 头（还必须具备公畜和母畜头数相等等一系列"理想群体"条件）；在一个规模为 100 头的畜群，闭锁繁殖 4 代以后的近交系数是 1.795%。

② 决定遗传漂变的速度。第四章曾经说明，漂变决定的基因频率方差为

$$\sigma_{\delta q}^2 = \frac{pq}{2N} \tag{11.9}$$

可见遗传漂变的速度也和群体规模有关。如前所述，漂变的结局是等位基因消失或固定；从位点而不是特定基因的角度来观察，其效应也就是减少基因多样度，导致纯合子频率增加，和近交的作用相似。两者在计量关系上也是一致的。

由公式（11.2）和（11.9）可得

$$\Delta F = \frac{1}{2N} = \frac{\sigma_{\delta q}^2}{pq}, \tag{11.10}$$

所以群体越小，漂变形成的群体间方差越大，群体内近交率也越大，基因消失也越快。

（2）两性个体的比较。两性个体不等，群体间基因频率的方差就应分别看待：

$$\sigma_{\delta q_\mathrm{f}}^2 = \frac{pq}{2N_\mathrm{f}} \quad \text{（母畜群方差）} \tag{11.11}$$

$$\sigma_{\delta q_\mathrm{m}}^2 = \frac{pq}{2N_\mathrm{m}} \quad \text{（公畜群方差）} \tag{11.12}$$

但两方对下一代提供的基因是等量的。下一代的基因频率为两方之均数，下一代基因频率的方差则是

$$\sigma_{\delta q}^2 = \sigma_\delta^2\left[\frac{1}{2}(q_\mathrm{f} + q_\mathrm{m})\right] = \frac{1}{4}\sigma_\delta^2(q_\mathrm{f} + q_\mathrm{m})$$

$$= \frac{1}{4}\left(\sigma_{\delta q_\mathrm{f}}^2 + \sigma_{\delta q_\mathrm{m}}^2\right) = \frac{pq}{4}\left(\frac{1}{2N_\mathrm{f}} + \frac{1}{2N_\mathrm{m}}\right) \tag{11.13}$$

因而

$$\Delta F = \frac{\sigma_{\delta q}^2}{pq} = \frac{1}{4}\left(\frac{1}{2N_f} + \frac{1}{2N_m}\right)$$

$$= \frac{1}{8N_f} + \frac{1}{8N_m}$$

（11.14）

又因为群体有效规模 N_e 和 ΔF 之间的关系是

$$\Delta F = \frac{1}{2N_e},$$

所以，此时的群体有效规模是

$$N_e = \frac{1}{2\Delta F} = \frac{1}{2\left(\dfrac{1}{8N_f} + \dfrac{1}{8N_m}\right)}$$

因而，有效规模为两性数目调和均数的 2 倍：

$$\frac{1}{N_e} = \frac{1}{4}\left(\frac{1}{N_f} + \frac{1}{N_m}\right)$$ 或

$$N_e = \frac{4N_f \cdot N_m}{N_f + N_m}$$

（11.15）

这说明两性个体不等有提高近交率、降低群体有效规模的作用。其比例越悬殊，作用越明显。调和均数以各变数的倒数为依据，故有降低较大变数影响的作用。所以在两性别个体数不等时，较少的一方对有效规模有更大的影响。

例 11-2 总头数都是 100，两性别比例不同的三个群体的近交率和有效规模如表 11-1 所示。

表 11-1 不同性别比例家畜群体的近交速率和有效群体规模

群别	公	母	ΔF	N_e
A	50	50	0.0050	100.5
B	20	80	0.0078	64
C	5	95	0.0263	19

本例和所根据的以上公式，除了两性别比例之外，都以理想群体条件为基础。

（3）留种方式。在总个体数为 N 的理想群体，假设每个个体在群体留下 K 个配子，那么：

$$\overline{K} = \sum K / N$$

$$\sigma_K^2 = \left[\sum K^2 - \frac{\left(\sum K\right)^2}{N}\right] \div (N-1)$$

$$= \frac{1}{N-1}\left(\sum K^2 - N\overline{K}^2\right)$$

$$\sum K^2 = (N-1)\sigma_K^2 + N\overline{K}^2 \tag{11.16}$$

在配子随机结合的前提下，可能的配子对数（包括自体受精），是由群体的配子总数 NK 中取 2 的组合数，其值为

$$_{NK}C_2 = \frac{N\overline{K}(N\overline{K}-1)}{2}$$

相同亲体的配子对总数为

$$\sum[_K C_2] = \sum_1^N \left[\frac{K(K-1)}{2}\right]$$

因而，相同亲体的配子对比例为

$$\frac{\sum K^2 - \sum K}{N\overline{K}(N\overline{K}-1)} = \frac{(N-1)\sigma_K^2 + N\overline{K}(\overline{K}-1)}{N\overline{K}(N\overline{K}-1)}$$

在理想群体中，有效规模也就是相同亲体配子对比例的倒数，所以

$$N_e = \frac{N\overline{K}(N\overline{K}-1)}{(N-1)\sigma_K^2 + N\overline{K}(N\overline{K}-1)}$$

因为理想群体规模恒定，$\overline{K}=2$，且不占自由度，所以：

$$N_e = \frac{4N^2 - 2N}{N\sigma_k^2 + 2N} = \frac{4N-2}{\sigma_k^2 + 4} \tag{11.17}$$

$$\Delta F = \frac{1}{2N_e} = \frac{\sigma_K^2 + 2}{8N-4} \tag{11.18}$$

当 N 足够大时，$N_e \cong \dfrac{4N}{\sigma_k^2 + 2}$

可见，在规模 N 既定时，每个个体在群体留下的配子数的方差 σ_K^2（亦即从每个交配组合得到的留种子女数的方差）越大，近交率 ΔF 也越大，群体有效规模 N_e 则越小。

三种可能的留种方式在理想群体有不同的 σ_K^2 值和保种效率。

① 每个交配组合的留种个体数完全由机遇决定时，其分布属于 poisson 分布。poisson 分布的方差等于其均数。所以 $\sigma_K^2 = \overline{K} = 2$。因而

$$N_e = \frac{4N}{\sigma_k^2 + 2} = \frac{4N}{2+2} = N$$

此时，有效规模和实际规模相等。

② 有选择的合并留种。当存在有利于一部分交配组合的选择作用时，$\sigma_K^2 > 2$，$N_e < N$。

③ 各家系等数留种。每个交配组合在群体中留下等数的子女（也就是每个个体留下等数的配子），$\sigma_K^2 = 0$。此时有

$$N_e = \frac{4N}{\sigma_k^2 + 2} = 2N$$

即有效规模是实际规模的 2 倍。这是最有利于保持基因多样度的留种方式。

在两性别数目不等的群体，只要两性别的留种个体数是各家系等量分布的，各家系留种个体数的方差仍大致保持为零。这样，实践上只需做到每头公畜留下等数的儿子和等数的女儿参加繁殖；每头母畜留下等数的女儿参加繁殖。R. S. Cowe 等论证在公畜少于母畜时每家系等数留种的群体有效规模和近交系数。

$$\Delta F = \frac{3}{32N_m} + \frac{1}{32N_f} \tag{11.19}$$

$$\frac{1}{N_e} = \frac{3}{16N_m} + \frac{1}{16N_f} \text{ 或 } N_e = \frac{16N_m \cdot N_f}{N_m + 3N_f} \tag{11.20}$$

其效率仍然高于随机的合并留种。

例 11-3　在 N_m=5、N_f=95 的畜群实行随机的合并留种时，ΔF=0.0263，N_e=19；如实行各家系等数留种时，ΔF=0.0194，N_e=26.20。

（4）交配体制。在个体数为 N、每个个体的配子数为 K 的理想群体中，可能的配子对数为 $\frac{N\overline{K}(N\overline{K}-1)}{2}$，但是如果交配受到某些限制（如地理隔离等）而不能随机化，每个配子可能搭配的对象就要减少（设减少 N 的 C 倍即 CN 个，C=2/N，2^2/N，$\cdots$，2^{N-1}/N）。群体可能的配子对总数随之下降，结果有效规模为

$$N_e = \frac{4N-2-\overline{C}}{\sigma_k^2 + 2} \tag{11.21}$$

因为 $\overline{C} \geqslant 0$，所以 $\frac{4N-2-\overline{C}}{\sigma_K^2 + 2} \leqslant \frac{4N-2}{\sigma_K^2 + 2}$。

这说明有效规模小于理想群体。系统限制的极端是隔离和分群。其效应是提高近交率和遗传漂变速率。

在两性别数目不等的群体，交配不随机也有降低有效规模的作用。

无论两群体两性数目是否相等，如果每个公畜的配偶不等，就不能保证它们留下等数的子女，除非放弃每个母畜留下等数女儿的前提来加以调整。但这两种情况都有提高家系间留种个数方差的作用。

所以，一般地说，每头公畜随机等量地交配母畜，是最有利的交配体制。但是，避免亲缘关系极近的个体间（如全、半同胞、堂表同胞）的交配，可略微降低各世代的近交系数（不能降低近交率）。

（5）世代间有效规模的波动。养猪业和养禽业中的群体规模往往有季节性的波动；在其他家畜生产中也不乏见到各世代规模不等的现象。各代的近交率只受当代有效规模的影响，但世代间有效规模的波动对畜群累积的近交系数有特殊的影响。

如果 t 个相邻世代的有效规模分别为 $_1N_e$，$_2N_e$，$\cdots$，$_tN_e$，那么因为每个世代基因频率的抽样方差可由公式 $\sigma_{\delta q}^2 = \frac{pq}{2N_e}$ 来度量，所以 t 代的平均抽样方差为

$$\sigma_{\delta \overline{q}}^2 = \frac{pq}{t}\left(\frac{1}{2_1N_e} + \frac{1}{2_2N_e} + \cdots + \frac{1}{2_tN_e}\right) \tag{11.22}$$

t 代的平均近交率为

$$\overline{\Delta F} = \frac{\sigma_{\delta\overline{q}}^2}{pq} = \frac{1}{t}\left(\frac{1}{2_1 N_e} + \frac{1}{2_2 N_e} + \cdots + \frac{1}{2_t N_e}\right) \tag{11.23}$$

因此，t 个世代的平均有效规模为

$$N_e = \frac{1}{2\overline{\Delta F}} = \frac{t}{\displaystyle\sum_{i=1}^{t}\left(\frac{1}{{}_i N_e}\right)}(i=1,2,\cdots,t) \tag{11.24}$$

亦即

$$\frac{1}{N_e} = \frac{1}{t}\sum_{i=1}^{t}\left(\frac{1}{{}_i N_e}\right) \tag{11.25}$$

也就是说，平均有效规模是各世代有效规模的调和均数。调和均数有提高较小变数影响的作用，所以各世代最小的有效规模对均数有最大的影响。因为每个世代的近交系数由两部分构成：一是以前各代的近交积累起来的近交系数；二是当代的增量，$F_t = \left(1 - \frac{1}{2N_e}\right)F_{t-1} + \frac{1}{2N}$。当代的有效规模只决定增量，不影响即有的近交系数水平。因而，每个世代的近交系数与 N_e 一样，都受到以前各代有效规模的影响，有效规模最小的世代的效应最大。

例 11-4 5 个世代的有效规模 ${}_i N_e$ 分别为 15、100、150、300、500，平均有效规模为

$$N_e = \frac{5}{\frac{1}{15} + \frac{1}{100} + \frac{1}{150} + \frac{1}{300} + \frac{1}{500}} = 52.45$$

对于遗传多样性的保持而言，有效规模特别小的世代可能在很大程度上抵消以前的保持效果。

（6）世代间隔。世代间隔与近交率无关，但涉及群体遗传多样度消失速度的另一个指标，即一定期间（年、月、日）近交系数的上升幅度。世代间隔越短，群体近交系数在一定期间上升的幅度越大，基因多样度减少速度越快。

3. 相应的措施

综上所述，在保持有限群体的遗传多样性的目标下，有以下相应的措施：
（1）在既定的财政条件下尽可能扩大群体规模。
（2）尽可能缩小公、母畜禽个数比例之差距。
（3）实行各家系等数留种。
（4）在避免亲缘关系极近的个体相交配的条件下，实行各公畜随机等量与配母畜的原则。
（5）避免群体规模的世代间波动。
（6）延长世代间隔。

4. 保种方案的制订

（1）保种方案制订的基本依据。保种方案制订的基本依据主要包括以下内容：①群体（或

品种）的资源价值及消长形势；②保种期限；③群体有限的近交系数水平；④畜种群体所能耐受的近交系数水平，全群平均水平一般不超过 12.5%，但要根据实际情况而定，比如中国家畜（禽）品种比国外品种更能耐受近交，而小家畜（禽）比大家畜更能耐受近交；⑤经济水平所能饲养的群体规模。

（2）制订保种方案的原理。

① 保种效率取决于群体有效规模。家畜群体一般公少母多。其有效规模为

$$N_e = \frac{16 N_m \cdot N_f}{N_m + 3 N_f} \tag{11.26}$$

式中，N_m 为公畜数，N_f 为母畜数。

② 在群体中已经存在一定程度的近交，保种期间允许达到的近交系数水平已经限定的条件下，保种必须的有效规模为

$$N_e = \frac{1}{2} \left[\frac{1}{1 - \left(1 - F_t / 1 - F_0\right)^{\frac{1}{t}}} \right] \tag{11.27}$$

式中，F_0 为保种前全群既有的平均近交系数；F_t 为保种期间最后一代全群平均近交系数的限额；t 为保种的总世代数（即需要保种的世代数）。

③ 在保种前全群平均近交系数已经确定，保种各世代有效规模恒定不变的情况下，按公式（11.28）预计各个世代的全群平均近交系数的水平：

$$F_t = 1 - \left(1 - \frac{1}{2 N_e}\right)^t (1 - F_0) \tag{11.28}$$

式中，F_0 为保种前全群既有的平均近交系数；N_e 为各世代的群体有效规模；F_t 为第 t 代全群平均近交系数。F_t 可以作为保种过程中对各世代全群平均近交系数的限额。

④ 如果群体有效规模已由经营条件限定，保种所必需的有效规模已由保种任务确定，则群体中公畜比例应为

$$d = \frac{\left(8 + \dfrac{N_e}{N}\right) - \sqrt{\left(\dfrac{N_e}{N}\right)^2 - 32 \dfrac{N_e}{N} + 64}}{16} \tag{11.29}$$

式中，N_e 为保种所必需的有效规模；N 为经营所能提供的实际规模；d 为群体中的公畜比例（即公畜占保种群的比例）。

⑤ 如果由于意外原因使某代的全群近交系数超过了预定的限额，为将下一代全群平均近交系数调整到预计的水平以内，就必须使当代的有效规模比方案规定的正常水平有相应的增加：

$$N_e = \frac{1 - F_t}{2(F_{t+1} - F_t)} \tag{11.30}$$

式中，F_t 为当代已实际达到的全群平均近交系数；F_{t+1} 为方案限定的下一代全群平均近交系数；N_e 为当代应有的群体有效规模。

⑥ 在保种必需的有效规模已为保种任务规定的前提下，如果保种之外经济开发的需

要对畜群的性别比例提出了一定的要求，则群体的最小必须规模由以下关系决定：

$$N = \frac{d + 3(1-d)}{16d(1-d)} N_e \qquad (11.31)$$

式中，N_e 为保种必需的有效规模；d 为经营要求的公畜比例；N 为保种必需的最小实际规模。

（3）制订保种方案的基本内容。保种方案的基本内容主要包括以下 10 个方面。

① 序言。主要包括制订方案保护该群体的意义、该群体的特点（结构特点及畜牧学特点等）或及保种方针，如是原产地保种或是异地保种，是保种场核心群保种或是散在保种，保持群体的遗传多样性或是同时发展群体的固有特点等。

② 保种目标。包括保种期限和保种的技术指标，如总的近交增量 ΔF、最后一代 F_t 近交系数的限额水平和生产性能水平（包括繁殖率、体量、抗病力、群体固有特征的表现及遗传缺陷的频率等）。

③ 技术原理。见前述"制订保种方案的原理"部分。

④ 世代间隔。主要包括：A. 世代间隔，如绵羊、山羊 4 年，猪 5～6 年，马和牛为 8～10 年；B. 继代体制，是陆续淘汰（世代间有重叠）或是标准换代年度（世代间无重叠）；C. 如是标准换代年度，请列出具体年度；D. 过代个体的淘汰方式；E. 继代以外的繁殖，如可以进行经济杂交或是其他杂交方式。

⑤ 保种群规模与公畜比例。

⑥ 交配体制。一般应在尽量避免近交的前提下，公畜与与配母畜进行随机等量交配。

⑦ 留种方式。最好采取家系内等数留种，同时最好能留下反映亲本特征的个体。

⑧ 近交增量超过限额时的补救措施。主要包括近交增量超过当代限额时的调整方法、近交增量超过下一代限额时的补救措施和近交系数突破极限时的补救措施 3 个方面。

⑨ 保种效果的检测。主要包括体尺、体重，特定遗传标记的频率分布、平均杂合度，遗传缺陷的频率和新出现有害性状的总频率，抗性（耐热、耐寒）及对生态环境的适应性等方面。

⑩ 修订本方案的前提。

（4）制订保种方案的步骤。以制订绵羊保种方案为例，设某绵羊品种需要保种期限为 20 年，保种群规模为 200 头，群体可耐受的平均近交系数极限为 F_t=12.50%。

第一步：在确定保种期限、保种群规模、群体可耐受的平均近交系数的基础上，计算或估计群体既有的近交水平。

关于近交系数可有如下 3 种方法：

① 直接计算。计算各个体的近交系数 F_x，而后求得全群平均近交系数。

$$F_x = \sum \left[\left(\frac{1}{2} \right)^{n_1+n_2+1} \left(1 + F_A \right) \right] \qquad (11.32)$$

式中，F_x 表示个体 x 的近交系数；n_1 表示由父亲到共同祖先所经的代数；n_2 表示由母亲到共同祖先所经的代数；F_A 表示共同祖先本身的近交系数；$\sum$ 表示所有共同祖先计算值的总和。

② 估算法。对于长期不从外面引进种畜的闭锁畜群,平均近交系数可以用近似公式(11.33)进行估算:

$$\Delta F = \frac{1}{8N_S} + \frac{1}{8N_D} \qquad (11.33)$$

式中,N_S、N_D 分别表示每代参加配种的公畜数、母畜数。

③ 对于采用中性基因或微卫星标记检测的群体,可采用 FASTA2.9.3 软件或其他群体遗传学软件计算 Fis 值得到。

此处,假设原群体既有平均近交系数为 F_0=7.65%。

第二步:在保证个体正常繁殖机能的前提下,以尽可能长的时间作为保种群体世代长(设该绵羊群体世代间隔为 4 年),并以此确定保种世代数:

$$\frac{20年}{4年/代} = 5代$$

第三步:根据羊群的既有近交水平 F_0、可耐受近交系数极限 F_t 和保种世代 t 确定保种羊群必需的群体有效规模 N_e。

$$N_e = \frac{1}{2}\left[\frac{1}{1-\left(1-F_t/1-F_0\right)^{\frac{1}{t}}}\right] = \frac{1}{2}\left[\frac{1}{1-\left(1-0.125/1-0.0765\right)^{\frac{1}{5}}}\right] = 46.59$$

第四步:根据群体有效规模 N_e 和保种开始世代的近交系数水平 F_0,规划各世代群体平均近交系数的限额。

$$F_t = 1-\left(1-\frac{2}{2N_e}\right)^t\left(1-F_0\right)$$

本例中,第 3 世代(t=3)群体平均近交系数的限额应为

$$F_3 = 1-\left(1-\frac{1}{2\times 46.59}\right)^3\left(1-0.0765\right) = 0.1059$$

第五步:根据 N(实际规模)、N_e(群体有效规模)确定实际规模群体中公羊比例和公羊、母羊个数。

$$d = \frac{\left(8+\frac{N_e}{N}\right)-\sqrt{\left(\frac{N_e}{N}\right)^2 - 32\frac{N_e}{N}+64}}{16}$$

$$= \frac{\left(8+\frac{46.59}{200}\right)-\sqrt{\left(\frac{46.59}{200}\right)^2 - 32\times\frac{46.59}{200}+64}}{16} = 0.044$$

$N_m = 200\times 0.0.044 \approx 9 \quad N_f = 200-9 = 191$

第六步:确定标准换代年度。

第七步:保种效果的监测与保种方案的调整。

① 保种效果监测体系。为了及时掌握羊群遗传品质变化动向、分析原因、确定方案

是否需要调整，各世代按以下五个方面对保种效果进行监测，包括体型外貌监测、体重体尺监测、生产性能监测、繁殖性能监测，以及采用中性结构基因和微卫星标记检测群体的遗传多样性。

② 必要时可酌情扩大有效规模，部分修订方案

③ 在保种期间，羊冷冻精液技术成熟到应用程度后，可修订方案，各世代种公羊均可在冻存足够份数的精液后即行淘汰；有效规模的性别构成亦可据当时的羊群利用形势酌情修订。

④ 在保种期间，羊的冷冻胚胎技术成熟到应用程度并比活畜保种更省费用时，中止活畜保种；当养羊业已形成新的经济利用形势和生产体系，相应的品种的纯种数量已大大超过保种需要时，解除保种体制。

参 考 文 献

常洪. 2009. 动物遗传资源学. 北京. 科学出版社

杜若甫. 2004. 中国人群体遗传学. 北京：科学出版社

吕宝忠等译. 2006. 分子进化与系统发育. 北京：高等教育出版社

野泽谦. 1995. 动物集团の遗传学. 名古屋市：名古屋大学出版会

张劳, 李玉奎. 1999. 群体遗传学概论. 北京：中国农业出版社

C. C. Li 著. 吴仲贤译. 1981. 群体遗传学. 北京：中国农业出版社

D.S. Falconer, T.F.C.Mackay 著. 储明星译. 2000. 数量遗传学导论. 4 版. 北京：中国农业科技出版社

Franz Pirchner. 1986. Population Genetics in Animal Breeding. 2nd ed. New York: Plenum Press